Premiere Pro CC
短视频剪辑/拍摄/特效制作实战教程

| 培训教材版 |

李延周　编著

人民邮电出版社

北　京

图书在版编目（ＣＩＰ）数据

新印象：Premiere Pro CC短视频剪辑/拍摄/特效制作实战教程：培训教材版 / 李延周编著. -- 北京：人民邮电出版社，2023.8
ISBN 978-7-115-61612-8

Ⅰ．①新… Ⅱ．①李… Ⅲ．①视频编辑软件－教材 Ⅳ．①TN94

中国国家版本馆CIP数据核字(2023)第076201号

内 容 提 要

本书以 Premiere Pro CC 非线性编辑软件为基础，将 Premiere Pro CC 的核心功能与短视频剪辑中的各种效果结合，通过实战案例的形式讲解短视频的剪辑、拍摄、特效制作等内容。全书分为 6 篇：第 1 篇讲解软件快速入门和短视频制作的相关知识，第 2～5 篇讲解字幕效果、转场效果、技巧性效果和调色效果的制作技巧和案例，第 6 篇讲解短视频拍摄的理论知识和技巧等。本书通过讲解短视频的剪辑和拍摄，可以使读者真正做到学以致用。

本书附赠丰富的学习资源，包括书中案例的素材文件、部分案例效果文件和在线教学视频，以及 PPT 课件和拓展电子书。本书适合短视频创作者、新媒体运营者、影视爱好者学习使用，也可作为各类院校相关专业和培训机构的辅导书。

◆ 编　著　李延周
　　责任编辑　王　冉
　　责任印制　马振武

◆ 人民邮电出版社出版发行　　北京市丰台区成寿寺路 11 号
　　邮编　100164　　电子邮件　315@ptpress.com.cn
　　网址　https://www.ptpress.com.cn
　　北京九州迅驰传媒文化有限公司印刷

◆ 开本：787×1092　1/16
　　印张：16.75　　　　　　　　　2023 年 8 月第 1 版
　　字数：520 千字　　　　　　　 2025 年 1 月北京第 2 次印刷

定价：59.90 元
读者服务热线：(010)81055410　印装质量热线：(010)81055316
反盗版热线：(010)81055315
广告经营许可证：京东市监广登字 20170147 号

前言 Foreword

Premiere Pro（简称 PR）是视频制作爱好者和影视行业专业人士常用的视频编辑工具，主要功能包括采集、剪辑、调色、美化音频、添加字幕和输出视频等，是一款易学、高效、专业的视频剪辑软件，能满足用户创作高质量作品的需求。

一、编写目的

随着互联网的发展，短视频在各个领域被广泛应用。本书就是在此背景下推出的将视频拍摄和剪辑结合的实战教程。本书将用 Premiere Pro CC 结合多个短视频实战案例，帮助读者全方位掌握短视频的制作方法和技巧。

二、主要内容

本书共 12 章，对 Premiere Pro CC 的基本应用、各种短视频效果及短视频的拍摄进行详细的讲解。本书的学习思路如下图所示。

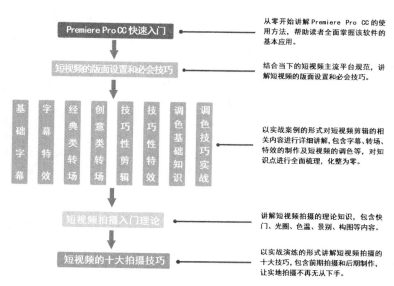

本 书 学 习 思 路

Premiere Pro CC 快速入门	从零开始讲解 Premiere Pro CC 的使用方法，帮助读者全面掌握该软件的基本应用。
短视频的版面设置和必会技巧	结合当下的短视频主流平台规范，讲解短视频的版面设置和必会技巧。
基础字幕／字幕特效／经典类转场／创意类转场／技巧性剪辑／技巧性特效／调色基础知识／调色技巧实战	以实战案例的形式对短视频剪辑的相关内容进行详细讲解，包含字幕、转场、特效的制作及短视频的调色等，对知识点进行全面梳理，化整为零。
短视频拍摄入门理论	讲解短视频拍摄的理论知识，包含快门、光圈、色温、景别、构图等内容。
短视频的十大拍摄技巧	以实战演练的形式讲解短视频拍摄的十大技巧，包含前期拍摄和后期制作，让实地拍摄不再无从下手。

三、本书特色

本书以通俗易懂的语言，结合 Premiere Pro CC 全面讲解视频制作的相关知识，实战案例均以行业应用为基准，可以满足读者随学随用的需求。本书特色如下。

1.为了使读者在学习过程中更容易掌握所学内容，本书先讲解 Premiere Pro CC 的基本应用，然后逐一剖析各个知识点。

2.正文主要以知识点与实战案例结合的形式进行讲解，并附赠所有案例的相关素材和在线教学视频，让读者可以边学边练。

3.本书设置的"小提示""知识拓展""课后习题""相关内容"等模块可以帮助读者进一步加深对知识的理解。

四、致谢

本书由李延周编写，由于编者水平有限，书中难免存在不妥之处。在感谢您选择本书的同时，也希望您能把对本书的意见和建议告诉我们。

编者

2023 年 3 月

资源与支持

Resources and support

本书由"数艺设"出品，"数艺设"社区平台（www.shuyishe.com）为您提供后续服务。

配套资源

案例素材文件，包括视频、音频和图片，方便读者进行操作练习。

部分案例效果文件，为读者展示制作好的案例效果。

在线教学视频，为读者清晰讲解案例的操作步骤，支持PC端和移动端观看。

PPT课件，可供老师教学时参考使用。

拓展电子书，额外赠送读者的学习文件。

资源获取请扫码

（提示：微信扫描二维码关注公众号后，输入51页左下角的5位数字，获得资源获取帮助。）

"数艺设"社区平台， 为艺术设计从业者提供专业的教育产品。

与我们联系

我们的联系邮箱是szys@ptpress.com.cn。如果您对本书有任何疑问或建议，请您发邮件给我们，并请在邮件标题中注明本书书名及ISBN，以便我们更高效地做出反馈。

如果您有兴趣出版图书、录制教学课程，或者参与技术审校等工作，可以发邮件给我们。如果学校、培训机构或企业想批量购买本书或"数艺设"出版的其他图书，也可以发邮件联系我们。

关于"数艺设"

人民邮电出版社有限公司旗下品牌"数艺设"，专注于专业艺术设计类图书出版，为艺术设计从业者提供专业的图书、视频电子书、课程等教育产品。出版领域涉及平面、三维、影视、摄影与后期等数字艺术门类，字体设计、品牌设计、色彩设计等设计理论与应用门类，UI设计、电商设计、新媒体设计、游戏设计、交互设计、原型设计等互联网设计门类，环艺设计手绘、插画设计手绘、工业设计手绘等设计手绘门类。更多服务请访问"数艺设"社区平台www.shuyishe.com。我们将提供及时、准确、专业的学习服务。

目录

Contents

第1篇

Premiere Pro CC 快速入门和短视频制作篇

第1章 Premiere Pro CC 快速入门

1.1 剪辑的基础知识 12

    1.1.1 新建项目 12

    1.1.2 剪辑流程 13

    1.1.3 输出设置 15

1.2 认识工作区 16

1.3 如何剪辑视频 21

1.4 字幕的添加方法 23

1.5 视频转场的用法 26

1.6 音乐的无缝衔接 28

1.7 视频的升格和降格 31

    1.7.1 升格 31

    1.7.2 降格 32

1.8 "效果控件"面板的运用 33

    1.8.1 运动 33

    1.8.2 不透明度 36

    1.8.3 时间重映射 37

1.9 绿幕抠像效果 39

1.10 电影遮幅效果的制作 41

1.11 代理剪辑 43

第2章 短视频的版面设置和必会技巧

2.1 设置首选项 47

2.2 设置竖屏视频序列 48

2.3 如何匹配视频序列与画面 49

2.4 上下模糊的三屏视频的制作 52

2.5 短视频封面的制作 54

2.6 短视频封面如何添加 57

2.7 故事类短视频的剪辑点 57

2.8 人物表情放大效果的制作 59

2.9 一人分饰两个角色效果的制作 60

2.10 为视频配音 62

2.11 视频边框的制作 63

2.12 导出和上传高清短视频 66

第2篇

字幕效果实战篇

第3章 基础字幕

3.1 制作基础字幕的5种工具 69

    3.1.1 文字工具 69

    3.1.2 旧版标题 71

    3.1.3 开放式字幕 76

    3.1.4 基本图形编辑 79

    3.1.5 基本图形模板 82

3.2 批量添加字幕 83

课后习题1：根据音频批量添加字幕 89

课后习题2：使用基本图形制作新闻标题板 89

目录

Contents

第 4 章　字幕特效

4.1 书写文字效果——书写 91

4.2 霓虹灯闪烁效果——高斯模糊与相机模糊 95

4.3 逐字输入的打字机字幕效果——文字工具 98

4.4 镂空文字效果——轨道遮罩键 101

4.5 文字溶解效果——粗糙边缘 104

4.6 聊天气泡效果——运动设置 105

4.7 闪光文字效果——闪光灯 110

4.8 视频进度条计时器效果——时间码 113

4.9 模糊字幕效果——高斯模糊 117

4.10 电影片头字幕效果——综合应用 120

课后习题：制作电影风格开场 124

5.9 信号干扰失真转场——混合模式 149

课后习题：多种转场的混合使用 151

第 6 章　创意类转场

6.1 由画面到眼球的跨越性转场——蒙版 153

6.2 超现实转场——渐变擦除 159

6.3 无缝遮罩转场——蒙版 162

6.4 水墨笔刷转场——轨道遮罩键 166

6.5 任意门转场——蒙版 168

6.6 翻页折叠转场——变换 171

6.7 快速旋转转场——镜像 176

6.8 无缝放大转场和保存转场预设——镜像 180

课后习题：连续开门转场 185

第 3 篇
转场效果实战篇

第 5 章　经典类转场

5.1 递进形式的穿梭转场——交叉缩放 126

5.2 炫酷巧妙的渐变转场——渐变擦除 128

5.3 电影风格的回忆转场——湍流置换 131

5.4 人物与背景分离转场——亮度键 134

5.5 神秘的溶解转场——差值遮罩 138

5.6 具有动感的偏移转场——偏移 140

5.7 方向模糊转场——方向模糊 144

5.8 画面分割转场——裁剪 146

第 4 篇
技巧性效果实战篇

第 7 章　技巧性剪辑

7.1 模拟抖动镜头——变形稳定器 187

7.2 视频定格效果——插入帧定格分段 189

7.3 网格效果——网格 193

7.4 直播弹幕效果——旧版标题 194

7.5 边角定位效果——边角定位 197

目录

Contents

7.6 希区柯克式变焦效果——运动 198

7.7 视觉错位效果——蒙版 200

7.8 音乐节奏卡点剪辑——Beat Edit 插件 203

课后习题：音乐节奏卡点练习 **206**

9.2.2 波形图 228

9.2.3 矢量示波器 229

9.3 "Lumetri 颜色" 面板 230

9.3.1 基本校正 230

9.3.2 曲线 233

9.3.3 色轮和匹配 235

9.3.4 HSL 辅助 236

课后习题：色彩的基础矫正 **237**

第 8 章　技巧性特效

8.1 移动的马赛克——马赛克 208

8.2 铅笔画风格——查找边缘 210

8.3 漫画风格——棋盘 211

8.4 童话中的梦幻世界——高斯模糊 213

8.5 复古画质——波形变形 215

8.6 双重曝光——混合模式 217

8.7 镜像效果——镜像 219

8.8 人物磨皮——Beauty Box 插件 221

课后习题：镜像效果拓展 **223**

第 10 章　调色技巧实战

10.1 保留那一抹绚烂 239

10.2 春夏秋冬任你选 240

10.3 日系小清新调色 242

10.4 一键调色 244

10.5 电影感 LUT 预设 246

10.6 Log 素材分级调色 248

课后习题 1：分量图调色 **252**

课后习题 2：风格化调色 **252**

第 5 篇
调色效果实战篇

第 9 章　调色基础知识

9.1 色彩的理论知识 225

9.1.1 色彩的基本属性 225

9.1.2 RGB 和 CMYK 色彩模式 225

9.2 认识示波器 226

9.2.1 分量图 227

第 6 篇
短视频拍摄实战综合篇

第 11 章　短视频拍摄入门理论

11.1 曝光 254

11.1.1 快门 254

11.1.2 光圈 254

11.1.3 感光度 255

目录

Contents

11.2 色温和白平衡 256

11.3 景别 257

    11.3.1 远景 257

    11.3.2 全景 257

    11.3.3 中景 258

    11.3.4 近景 258

    11.3.5 特写 258

11.4 构图 259

    11.4.1 水平线构图 259

    11.4.2 垂直线构图 259

    11.4.3 三分线构图 260

    11.4.4 对称构图 260

    11.4.5 对角线构图 260

    11.4.6 引导线构图 261

    11.4.7 简约构图 261

    11.4.8 纵深构图 261

    11.4.9 预留空间构图 262

课后习题：对称构图和三分线构图 262

第 12 章　短视频的十大拍摄技巧

12.1 脸大可以这样拍 264

12.2 选好背景很重要 264

12.3 这个角度腿很长 265

12.4 特写镜头不能少 265

12.5 动静结合才更美 266

12.6 环绕要有技巧 266

12.7 垂直俯拍出大片 266

12.8 天空下面我和我 267

12.9 两镜结合更炫酷 267

12.10 格调不够转场凑 268

课后习题：完整短片剪辑 268

第1篇

Premiere Pro CC快速入门
和短视频制作篇

第1章

Premiere Pro CC快速入门

本章主要讲解 Premiere Pro CC 的入门知识。首先让读者了解剪辑流程，认识软件工作区，对视频剪辑有一个整体的认知；然后讲解一些初级技巧，包括字幕的添加方法、视频转场的用法、音乐的无缝衔接、视频的升格和降格及"效果控件"面板的运用等；最后延伸讲解绿幕抠像效果、电影遮幅效果的制作和代理剪辑等内容，让读者快速上手 Premiere Pro CC。

1.1 剪辑的基础知识

在开始剪辑之前先要了解剪辑的整体流程，这样才能避免无效的盲目操作。在思路明确的情况下进行剪辑，可以起到事半功倍的效果。本节从新建项目、剪辑流程、输出设置这3个方面展开讲解，带领读者全面了解Premiere Pro CC 的工作流程。

1.1.1 新建项目

本小节讲解的是 Premiere Pro CC 的入门知识，会涉及一些名词和参数设置，了解这些入门知识，可以为后面的剪辑打下基础。打开 Premiere Pro CC，进入软件的开始界面，然后单击界面中的"新建项目"按钮，如图1-1所示。

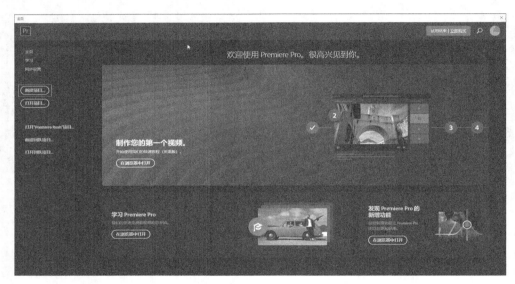

图1-1

在弹出的"新建项目"对话框中，"名称"代表的是工程文件的名字，"名称"的下面是"位置"，"位置"代表的是工程文件的保存路径，单击其右侧的"浏览"按钮可以自定义工程文件的保存路径，其他选项保持默认设置，单击"确定"按钮，即可新建一个项目，如图1-2所示。

图1-2

知识拓展

- 工程文件：Premiere Pro CC 里的工程文件又称为源文件，也叫作项目文件，工程文件的扩展名是 .prproj，其中记录的是 Premiere Pro CC 中的编辑信息和素材路径，需要注意的是，工程文件不包含素材本身，需要和素材放在同一设备中才能正常使用。
- "渲染程序"的默认选项的意思是"水银回放引擎 GPU 加速"，由 Adobe 官方认证的显卡型号决定。

1.1.2 剪辑流程

新建项目之后，就可以使用 Premiere Pro CC 进行剪辑了。先切换到"编辑"工作区，在工作区的选择栏中选择"编辑"选项即可，如图 1-3 所示。

切换后的工作区如图 1-4 所示。

图1-3

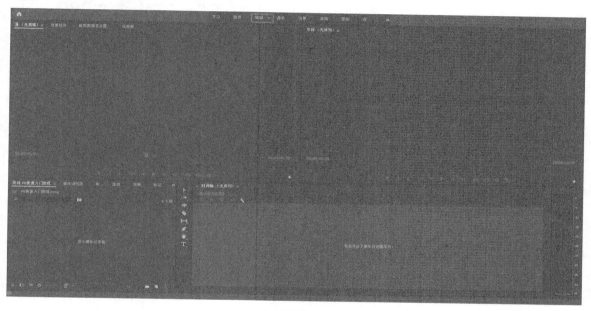

图1-4

在剪辑之前需要先导入素材。双击"导入媒体以开始"字样，弹出素材选择窗口，选中需要导入的素材，单击"打开"按钮，如图 1-5 所示。

接下来新建序列。"序列"可以理解为给剪辑对象指定的一个统一的画面标准，在剪辑时所有的素材都要以"序列"的标准为依据进行画面调整。单击"新建项"按钮，在下拉列表中选择"序列"选项，如图 1-6 所示。

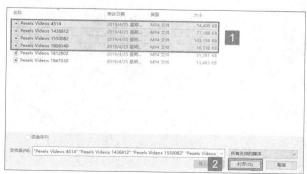

图1-5

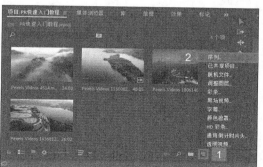

图1-6

在"新建序列"对话框中单击"设置"，将"编辑模式"设置为"自定义"，"时基"设置为"25.00帧／秒"，"帧大小"的水平值设置为"1920"、垂直值设置为"1080"，"像素长宽比"设置为"方形像素（1.0）"，其他选项保持默认设置，单击"确定"按钮，如图1-7所示。

新建序列之后，需要将导入的素材拖入"时间轴"面板。选中所需素材，按住鼠标左键将其拖至"时间轴"面板中，如图1-8所示。

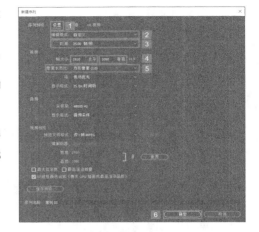

图1-7

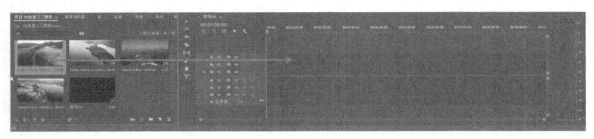

图1-8

这时会弹出"剪辑不匹配警告"提示框，单击"保持现有设置"按钮，如图1-9所示。

完成导入素材和新建序列操作后，工作区如图1-10所示。

图1-9

图1-10

1.1.3 输出设置

　　剪辑完成之后需要导出视频，在导出之前先选择导出视频的范围。将时间针拖至需要导出视频的开始位置，按快捷键I，设置入点；然后将时间针拖至需要导出视频的结束位置，按快捷键O，设置出点，这样就确定了视频导出的范围，如图1-11所示。

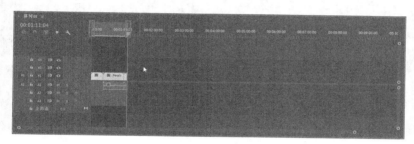

图1-11

　　设置导出参数。执行"文件" > "导出" > "媒体"命令，弹出"导出设置"对话框，将"格式"设置为"H.264"、"预设"设置为"匹配源 - 高比特率"，单击"输出名称"，选择视频的保存位置并自定义视频名称，设置完成后，单击"导出"按钮，如图1-12所示。

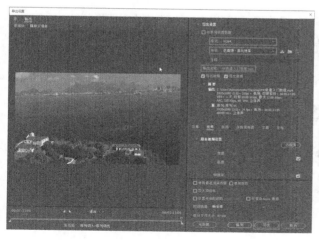

图1-12

1.2 认识工作区

　　熟悉工作区有利于提高剪辑的效率。导入素材之后，"编辑"工作区如图1-13所示，包括素材箱、"源"面板、"时间轴"面板、"节目"面板和工具栏，下面分别介绍。

图1-13

　　认识素材箱。素材箱是用于存放导入的剪辑素材的面板，可以直接导入素材箱的素材类型包括视频、音频、图片。在素材箱左下角，单击"切换视图功能"按钮█━，可以切换素材的显示形式，如图1-14所示。

　　单击素材箱右下角的"新建素材箱"按钮█，可以新建素材箱，将素材拖入其中，可方便分类和管理素材，如图1-15所示。

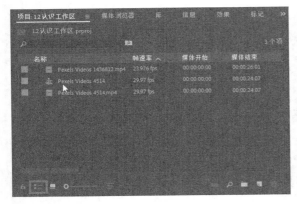

图1-14

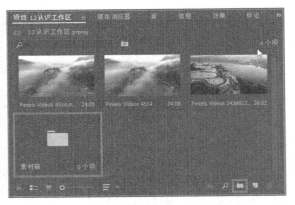

图1-15

单击素材箱右下角的"新建项"按钮 ，弹出的下拉列表中包含"序列""调整图层""颜色遮罩"等选项，如图 1-16 所示。

认识"源"面板。双击素材箱中的视频素材之后，"源"面板中会出现视频素材的预览画面，这个面板是原始视频素材的预览面板，如图 1-17 所示。

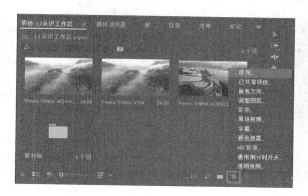

图1-16

图1-17

在"源"面板中单击"选择缩放级别"下拉按钮 适合 ，会弹出包含不同等级的放大或者缩小数值的下拉列表，如图 1-18 所示。它的作用是缩放画面，便于用户进行更细致的画面预览，操作完成之后可以选择"适合"选项恢复正常的预览大小。

单击"选择回放分辨率"下拉按钮 1/2 ，会弹出包含不同等级的分辨率调整数值的下拉列表，如图 1-19 所示。它的作用是当预览视频出现卡顿时降低分辨率，以便用户流畅地预览视频内容。

图1-18　　　图1-19

视频预览完成后，可以进行视频范围的选择。先将时间针定位到合适位置，单击"入点"按钮 标记视频的起点；然后将时间针定位到另一位置，单击"出点"按钮 标记视频的终点，如图 1-20 所示。

图1-20

　　确定好视频范围后，将视频拖入"时间轴"面板。将鼠标指针放置在视频的任意位置，按住鼠标左键将视频拖入视频轨道，如图1-21所示。

图1-21

　　认识"时间轴"面板。"时间轴"面板也称为剪辑工作区，在剪辑过程中，大部分工作都在"时间轴"面板中完成，剪辑轨道分为视频轨道和音频轨道两部分，如图1-22所示。

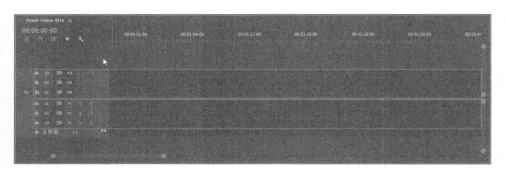

图1-22

　　视频轨道的表示方式是V1、V2、V3……可以添加多轨视频，如需增加轨道数量，可以在轨道前端上方空白处单击鼠标右键，然后执行"添加轨道"命令，在弹出的对话框中输入要添加的轨道数量，如图1-23所示。

图1-23

　　音频轨道的添加方式和视频轨道的添加方式相同，当音频轨道中有多个音频时，这些音频将同时播放。

　　认识"节目"面板。"节目"面板是成片效果的预览面板，移动面板底部的时间针或者移动"时间轴"面板中的时间针即可预览成片效果，如图1-24所示。

图1-24

　　其中的"选择缩放级别"下拉按钮  与"源"面板中的相同。

　　"选择回放分辨率"下拉按钮 与"源"面板中的相同。需要注意的是，这里设置的分辨率不会影响视频导出后的分辨率。

　　认识工具栏。工具栏中的4种常用工具如图1-25所示。

图1-25

　　单击"选择工具"按钮 或者按快捷键 V 可以选择"选择工具" ，该工具主要用于素材的选择以及素材位置的调整，如图1-26所示。

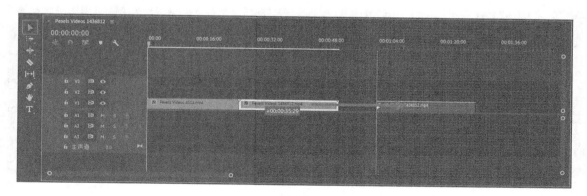

图1-26

长按 按钮会出现"向前选择轨道工具"和"向后选择轨道工具"选项，这两个工具的作用是选中现有位置前面的或者后面的全部素材，如图1-27所示。

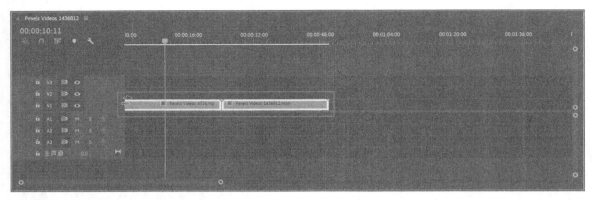

图1-27

长按 按钮按钮，选择"比率拉伸工具"选项，使用该工具可以根据素材长度改变素材的播放速度，从而在适当的位置加快或者减慢素材的播放速度，如图1-28所示。

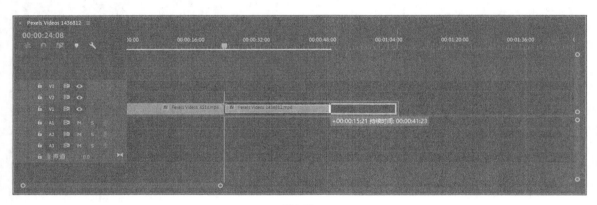

图1-28

单击"剃刀工具"按钮 或者按快捷键C可选择剃刀工具 ，该工具用于裁剪素材，如图1-29所示。

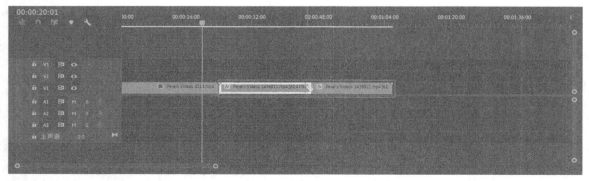

图1-29

1.3 如何剪辑视频

本节详细讲解移动素材、删除素材、音画分离等剪辑过程中常用的基础操作，以及过程中涉及工具的使用方法。

导入素材。执行"文件">"导入"命令，选择"云层""海岛""山崖"素材，将它们导入素材箱，选中3段素材并将它们拖至"时间轴"面板中，如图1-30所示。

图1-30

移动素材。在剪辑过程中，移动素材的位置是最常见的操作之一。在工具栏中单击"选择工具"按钮，按住鼠标左键并拖动素材即可在时间轴上移动素材的位置，如图1-31所示。

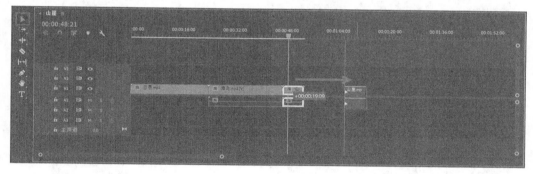

图1-31

删除素材。在工具栏中单击"选择工具"，选择需要删除的素材，如图1-32所示，按Delete键即可删除。

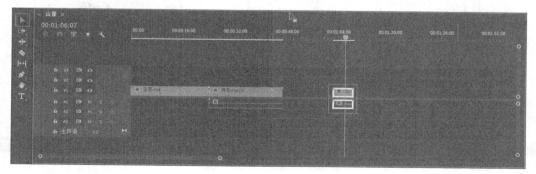

图1-32

● 另外一种删除素材的方式是将鼠标指针放到素材的前端或者末端，按住鼠标左键并拖动，即可删除不需要的内容，保留需要的内容，如图 1-33 所示。

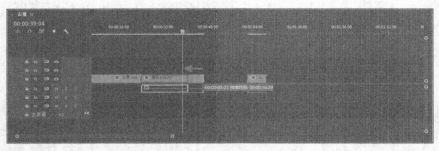

图1-33

　　放大和缩小时间轴上的素材。按 + 键可放大时间轴上的素材，按 - 键可缩小时间轴上的素材。

　　音画分离。在某些情况下，需要将视频和音频分开处理，选中需要处理的素材，然后单击鼠标右键，执行"取消链接"命令，即可实现音画分离，如图 1-34 所示。

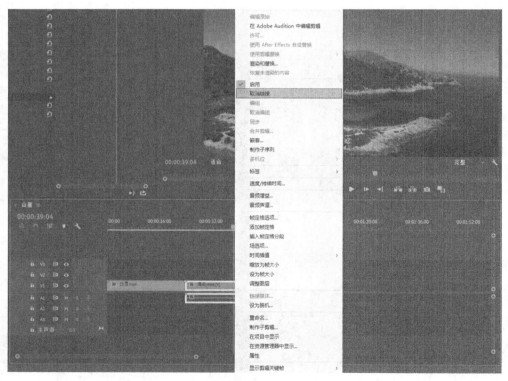

图1-34

● 在预览时，优先显示最上层轨道中的视频，音轨不分上下层，所有音频会同时播放。

● 按 + 键和 - 键调整时间轴上的素材时，只有在英文输入法状态下才有效。

1.4 字幕的添加方法

　　字幕是一种常用的内容表达形式，可以提高视频的整体质量，在很多自媒体平台中，字幕也是判断视频是否为原创的一个标准。下面用案例的形式来讲解添加字幕的方法。

- 要点提示：添加字幕
- 应用场景：通用
- 在线视频：第 1 章 \1.4 字幕的添加方法
- 魅力指数：★★★★
- 素材路径：素材 \ 第 1 章 \1.4

01 将"云层"素材导入素材箱，然后将其拖至"时间轴"面板中，如图 1-35 所示。

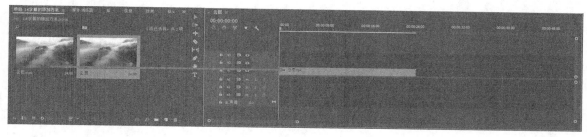

图1-35

02 执行"文件" > "新建" > "旧版标题"命令，单击"确定"按钮，即可打开"字幕"面板，如图 1-36 所示。

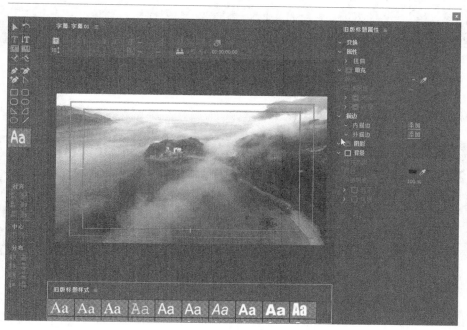

图1-36

03 单击"文字工具"按钮 T，输入文字"天接云涛连晓雾"，然后全选文字，更改"字体系列"为"黑体"，调整"字体大小"为"70.0"、"X 位置"为"959.0"、"Y 位置"为"931.0"、"颜色"为白色，如图1-37所示，设置完成后关闭面板。

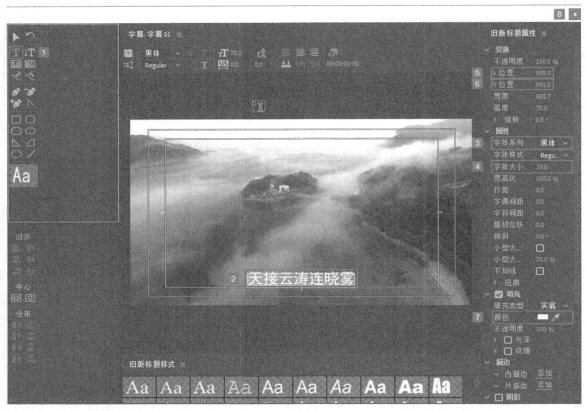

图1-37

04 在素材箱中选中"字幕01"素材，将其拖入 V2 轨道，如图 1-38 所示。

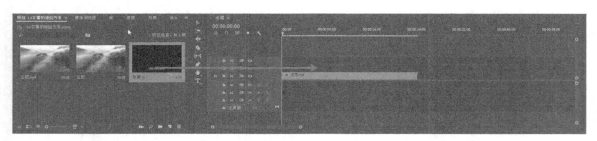

图1-38

05 添加与"字幕01"素材属性相同但内容不同的字幕。双击"字幕01"素材，单击"基于当前字幕新建字幕"按钮，然后删除当前文字，输入文字"星河欲转千帆舞"，如图 1-39 所示，输入完成后关闭面板。

图1-39

06 在素材箱中选中"字幕02"素材，将其拖入"时间轴"面板中，使其位于"字幕01"素材后面，如图1-40所示。

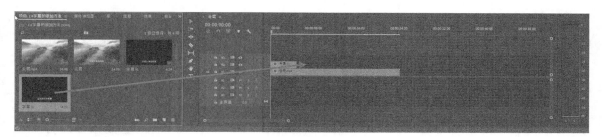

图1-40

这样就完成了视频字幕的添加，后面会详细讲解批量添加字幕的快捷方法。

知识拓展

- 旧版标题的尺寸会自动匹配当前视频序列的尺寸。
- 在根据音频添加字幕时，需要调整字幕素材的长度来匹配音频。
- 可以给字幕添加黑色外描边，防止它和背景重合。

1.5 视频转场的用法

应用转场可以体现视频的技术性，在旅拍、街拍等短视频中应用合适的转场能优化画面效果。

● 要点提示：转场参数的设置　　● 在线视频：第 1 章 \1.5 视频转场的用法　　● 素材路径：素材 \ 第 1 章 \1.5

● 应用场景：画面切换　　　　　● 魅力指数：★ ★ ★ ★

01 将"灯光""车流""建筑一""建筑二""建筑三"素材导入素材箱，然后将这些素材依次拖至"时间轴"面板中，如图 1-41 所示。

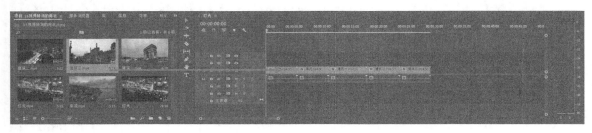

图1-41

02 打开"效果"面板，将需要的转场效果拖至两段视频之间。在"效果"面板中选择"视频过渡" > "沉浸式视频" > "VR 漏光"效果，然后按住鼠标左键将其拖至"灯光"和"车流"素材之间，如图 1-42 所示，转场效果添加完成。

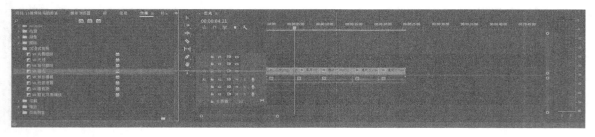

图1-42

小提示

这个时候会弹出"媒体不足。此过渡将包含重复的帧"对话框，单击"确定"按钮即可。

03 有些转场效果添加后需要根据实际情况进行调整。此时需要选中上一步添加的转场效果，如图 1-43 所示。

04 在"效果控件"面板中调整效果的持续时间，其他参数的设置如图 1-44 所示。

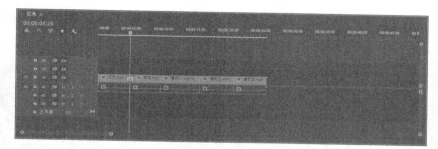

图1-43

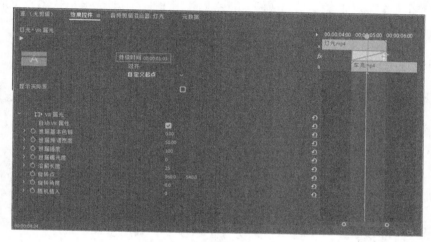

图1-44

05 在"效果"面板中选择"视频过渡" > "溶解" > "交叉溶解"效果，然后将其拖至"车流"和"建筑一"素材之间，如图1-45所示。

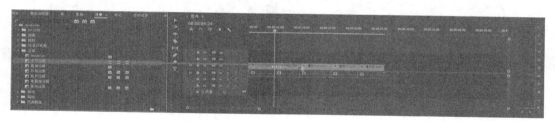

图1-45

06 选择"视频过渡" > "溶解" > "白场过渡"效果，然后将其拖至"建筑一"和"建筑二"素材之间，如图1-46所示。

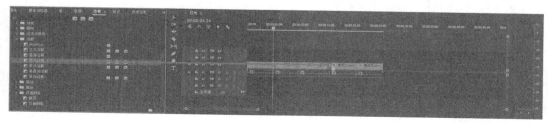

图1-46

07 选择"视频过渡" > "溶解" > "黑场过渡"效果，然后将其拖至"建筑二"和"建筑三"素材之间，如图1-47所示。

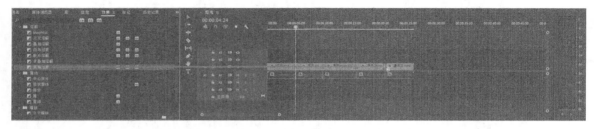

图1-47

08 案例最终效果如图1-48所示。

图1-48

知识拓展

- "媒体不足。此过渡将包含重复的帧"对话框出现的原因：前面视频的结尾处没有多余的帧用于过渡，就会重复一些帧来弥补缺少的部分。此问题的解决办法是在前面视频的结尾处裁剪一秒，在后面视频的开始处也裁剪一秒。
- 在Premiere Pro CC自带的转场效果中，常用的有"交叉溶解""黑场过渡""白场过渡"3种。

1.6 音乐的无缝衔接

　　音乐是视频不可缺少的一部分，一部好的影视作品必然有合适的音乐来衬托。音乐具有烘托氛围、强调节奏、推动故事情节发展等作用，并且有一个奖项叫作"奥斯卡最佳原创配乐奖"，由此可见音乐对视频的重要性。本节主要讲解如何合理衔接两段不同风格的背景音乐。

| ● 要点提示：音频关键帧的使用 | ● 在线视频：第 1 章 \1.6 音乐的无缝衔接 | ● 素材路径：素材 \ 第 1 章 \1.6 |
| ● 应用场景：衔接背景音乐 | ● 魅力指数：★ ★ ★ | |

方法一

01 将"音频一"和"音频二"素材导入素材箱，然后将它们拖至"时间轴"面板中，如图 1-49 所示。

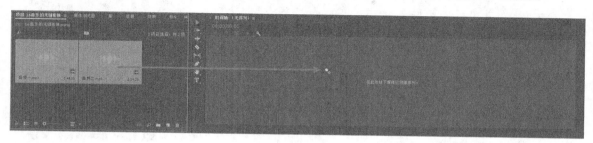

图1-49

02 按 + 键放大时间轴，将时间针移至两段音频之间，然后用"剃刀工具" 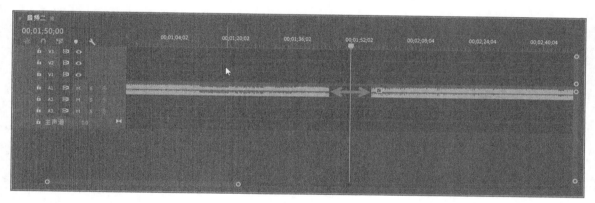 分别截断"音频一"素材的结尾部分和"音频二"素材的开头部分，并将其删除，如图 1-50 所示。

图1-50

03 选中两段音频之间的空白部分，按 Delete 键删除。打开"效果"面板，选择"音频过渡" > "交叉淡化" > "恒定功率"效果，然后将其拖至"音频一"和"音频二"素材之间，即可将两段音频衔接，如图 1-51 所示。

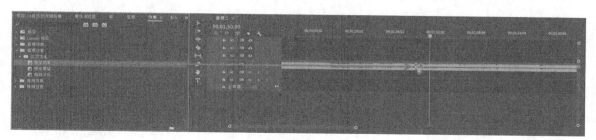

图1-51

方法二

01 将"音频二"素材拖至 A2 轨道，并且与"音频一"素材重叠一部分，然后拖动音频分界线拉宽轨道以便操作，如图 1-52 所示。

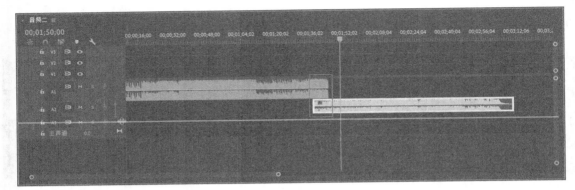

图1-52

02 选中"音频一"素材，在按住 Ctrl 键的同时单击"音频一"素材中间的音频控制线，可以标记音频关键帧。在两段音频重叠部分的开端和末端各标记一个音频关键帧，如图 1-53 所示。

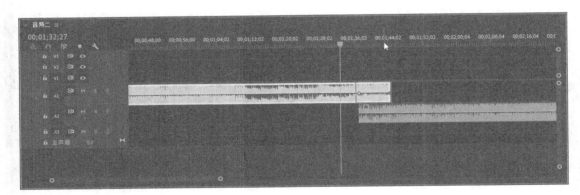

图1-53

03 对"音频二"素材进行与上一步相同的操作，如图 1-54 所示。

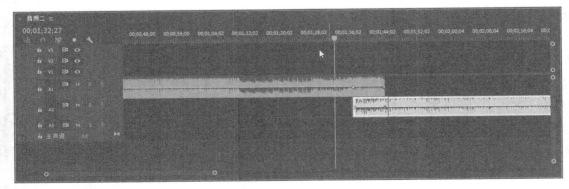

图1-54

04 将"音频一"素材的第二个关键帧向下拖动，将"音频二"素材的第一个关键帧向下拖动，这样就完成了两段音频的衔接，如图 1-55 所示。

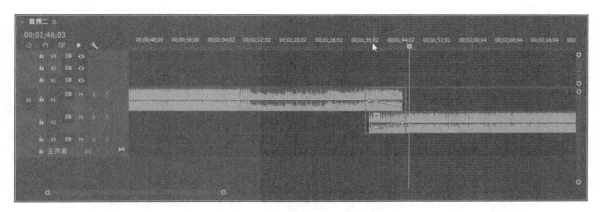

图1-55

1.7 视频的升格和降格

电影拍摄的帧速率标准是 24 帧（格）/ 秒，也就是每秒播放 24 张画面，这样才能得到播放速度正常的连续性画面。但为了实现一些视频效果，如慢镜头效果或快镜头效果，有时需要对拍摄帧速率进行调整。对慢镜头来说，要改变正常的拍摄帧速率，即让拍摄帧速率大于 24 帧 / 秒，这样才能给后期提供更大的调整空间，完成升格画面；对快镜头来说，拍摄时没有帧速率的限制，使用正常的帧速率即可。

1.7.1 升格

升格又称为慢动作镜头，在拍摄升格画面的时候一般会根据需要拍摄 48 帧 / 秒、60 帧 / 秒、……、120 帧 / 秒或 240 帧 / 秒的画面来达到高帧速率的要求，然后将拍摄到的画面以正常的帧速率（24 帧 / 秒）播放出来，就可以得到比实际动作慢的画面效果。

先查看原视频的属性，导入升格视频素材，然后选中升格视频素材，单击鼠标右键，执行"属性"命令，可以看到升格视频素材的帧速率，帧速率越高调整空间就越大。打开"新建序列"对话框，在"新建序列"对话框中单击"设置"，将"编辑模式"设置为"自定义"，"时基"设置为"25.00 帧 / 秒"，"帧大小"的水平值设置为"1920 "、垂直值设置为"1080"，"像素长宽比"设置为"方形像素（1.0）"，其他选项保持默认设置，单击"确定"按钮，如图 1-56 所示。

将50帧/秒的升格视频素材拖入25帧/秒的序列中，选中升格视频素材，单击鼠标右键，执行"速度/持续时间"命令，弹出"剪辑速度/持续时间"对话框，设置"速度"为"50%"，其他选项保持默认设置，如图1-57所示。单击"确定"按钮，即可完成升格视频的设置。

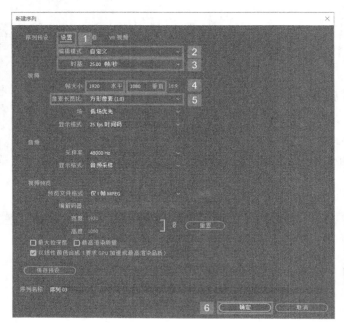

图1-56　　　　　　　　　　　　　　　　　　　　　　　　　图1-57

1.7.2　降格

降格又称为快动作镜头，在剪辑时加快视频的播放速度，就可以得到比实际动作快的画面效果。打开"新建序列"对话框，在"新建序列"对话框中单击"设置"，将"编辑模式"设置为"自定义"，"时基"设置为"25.00帧/秒"，"帧大小"的水平值设置为"1920"、垂直值设置为"1080"，"像素长宽比"设置为"方形像素（1.0）"，其他选项保持默认设置，单击"确定"按钮，如图1-58所示。

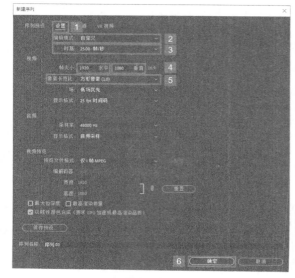

图1-58

　　将降格视频素材拖入"时间轴"面板中，选中降格视频素材，单击鼠标右键，执行"速度 / 持续时间"命令，弹出"剪辑速度 / 持续时间"对话框，设置"速度"为"200%"，其他选项保持默认设置，如图 1-59 所示。单击"确定"按钮，即可完成降格视频的设置。

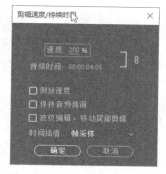

图1-59

知识拓展

● 无论是升格还是降格的"速度"参数，都要根据实际情况来设置。

● 升格视频常用于体育、科研等领域中，记录赛事的慢动作、子弹击穿物体的瞬间等场景。

● 升格视频在经过降速处理后，如果帧速率低于 24 帧 / 秒，则视频播放时会给人卡顿的感觉。

1.8 "效果控件"面板的运用

　　在给"时间轴"面板中的素材添加效果之后，可以打开"效果控件"面板来设置效果的具体参数，也可以在不添加效果的情况下，在"效果控件"面板中对素材的位置、大小、角度等参数进行调整。

1.8.1　运动

　　关键帧代表的是运动效果的关键点，运动的开始和结束就是用关键帧来标记的。在运动效果的开头设置一个关键帧，表示运动从这个点开始，在结尾设置一个关键帧，表示运动在这个点结束。通过设置每个关键帧的属性可实现不同的运动效果。下面通过制作运动效果的案例来讲解关键帧。

● 要点提示：关键帧的含义　　　　● 在线视频：第 1 章 \1.8.1 运动　　　　● 素材路径：素材 \ 第 1 章 \1.8.1

● 应用场景：制作运动效果　　　　● 魅力指数：★★★★

　　下面先介绍"效果控件"面板中相关参数的含义。将"船舶""Logo"素材导入素材箱，然后将素材拖至"时间轴"面板中，选中"Logo"素材，打开"效果控件"面板，如图 1-60 所示。

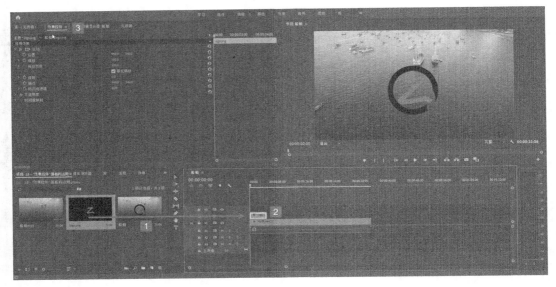

图1-60

"位置"参数中的两个数值分别代表x轴和y轴坐标，用于设置素材在屏幕中显示的位置，参数设置如图1-61所示。

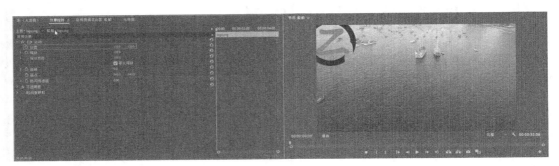

图1-61

"缩放"参数代表所选对象的缩放比例，最小数值为0，最大数值为10000.0，参数设置如图1-62所示。

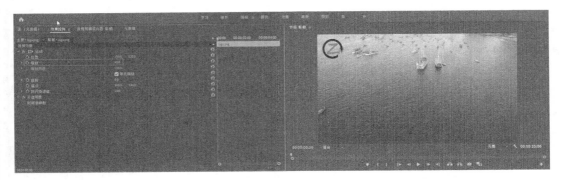

图1-62

"旋转"参数代表所选对象的调整角度，参数设置如图 1-63 所示。

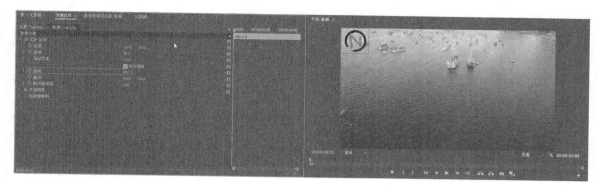

图1-63

"锚点"参数代表运动变化的中心点，包括位置变化、放大和缩小、旋转变化等。当单击"锚点"参数时图像上会显示锚点所在的位置，如图 1-64 所示。下面进行操作步骤的详解。

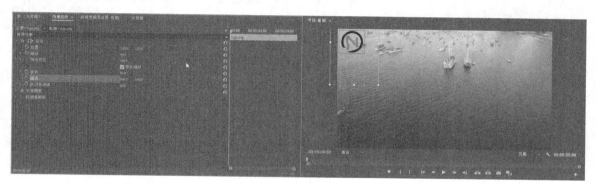

图1-64

01 单击"位置"前的"切换动画"按钮■，以 0 秒处作为运动效果的起始点，如图 1-65 所示。

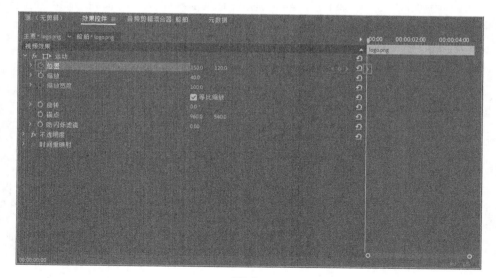

图1-65

02 移动时间针至3秒处，如图1-66所示。

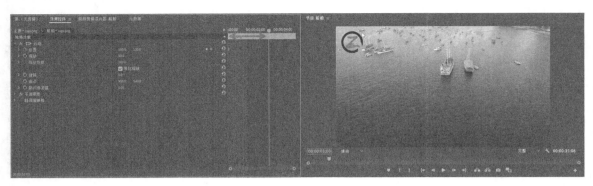

图1-66

03 将"位置"参数的 x 轴数值设置为"1780.0"，如图1-67所示。

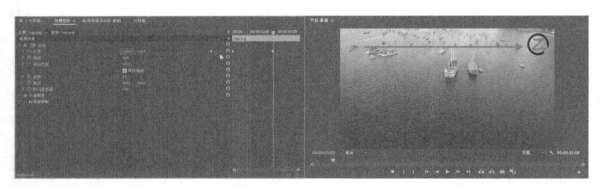

图1-67

这样就完成了运动效果设置。

知识拓展

• 当视频显示在隔行扫描显示器（如电视屏幕）上时，图像中的细线和锐利边缘有时会闪烁，增加"防闪烁滤镜"的数值可以减少或者消除这种闪烁，但是图像也会变淡。

1.8.2　不透明度

当所选对象的不透明度为100%时，图像的透明度是0%，也就是不透明。当所选对象的不透明度为0%时，图像的透明度是100%，也就是透明，此时图像显示为黑色。下面通过制作画面淡入效果的案例来讲解不透明度。

• 要点提示：不透明度的含义　　　• 在线视频：第1章\1.8.2不透明度　　　• 素材路径：素材\第1章\1.8.2

• 应用场景：画面不透明度的调整　　　• 魅力指数：★★★★

01 将"船舶""岛屿"素材导入素材箱，然后将这两段素材拖至"时间轴"面板中，如图1-68所示。

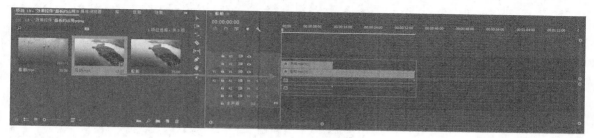

图1-68

02 选中"岛屿"素材，打开"效果控件"面板，将"不透明度"从"100%"逐渐降为"0%"，可以看到"船舶"素材逐渐显示出来，也就证明当"不透明度"为"0%"时，视频内容是透明的，而不是"变黑"。

03 结合使用"不透明度"参数和关键帧可以实现视频的淡入和淡出效果。删除"岛屿"素材，选中"船舶"素材，将"不透明度"设置为"0%"，移动时间针至2秒的位置，将"不透明度"改为"100%"，即可完成视频淡入效果的制作，如图1-69所示。

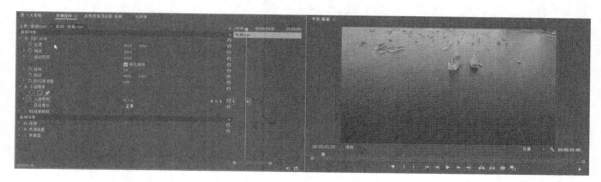

图1-69

1.8.3　时间重映射

时间重映射主要用于灵活改变视频素材的播放速度，从而在单个视频素材中制作出慢动作和快动作的切换效果。

- ● 要点提示：速度关键帧
- ● 应用场景：制作变速效果
- ● 在线视频：第 1 章 \1.8.3 时间重映射
- ● 魅力指数：★ ★ ★
- ● 素材路径：素材 \ 第 1 章 \1.8.3

01 将"滑雪"素材导入素材箱，然后将该素材拖至"时间轴"面板中，拖动视频轨道的边界线以加宽视频轨道，如图1-70所示。

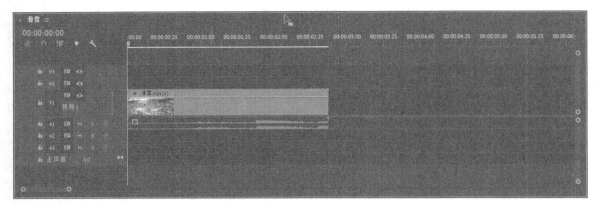

图1-70

02 使用鼠标右键单击 ƒ 图标，执行"时间重映射" > "速度"命令，如图 1-71 所示。

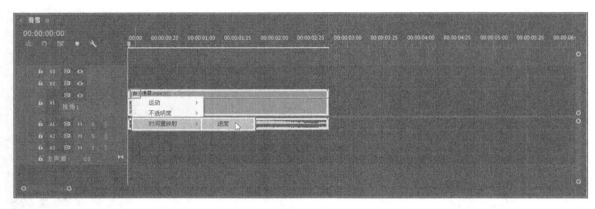

图1-71

03 此时视频轨道中间出现的线是速度线，按住 Ctrl 键的同时在视频 1 秒的位置单击速度线，添加一个速度关键帧，如图 1-72 所示。

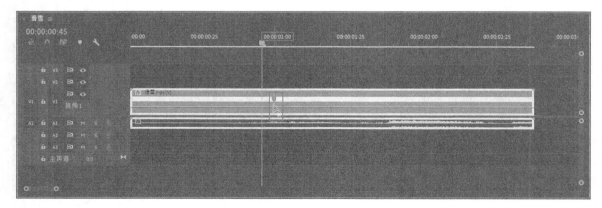

图1-72

04 按住鼠标左键拖动速度关键帧后面的速度线，将数值调整为"50.00%"，如图1-73所示。

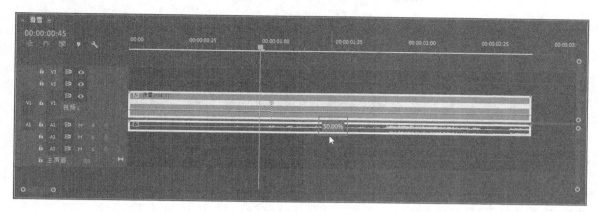

图1-73

05 案例最终效果如图1-74所示。

知识拓展

- 关键帧的使用步骤：先单击"切换动画"按钮◎，然后移动时间轴上的时间针，再改变素材的参数。
- 取消勾选"等比缩放"复选框，可以分别改变图像的长度或者宽度。
- 单击"重置参数"按钮◎，可以将参数恢复到初始值。

图1-74

1.9 绿幕抠像效果

抠像是提取通道的主要方式，是指在拍摄人物或其他前景内容时，用纯色作为背景，再用后期技术把纯色背景去掉。需要注意的是，要抠像的前景物体上不能包含选用的背景颜色。常用的背景有蓝色背景和绿色背景两种，原因在于人的皮肤的自然颜色中不包含这两种颜色，这样在抠像时就不会把主体人物抠掉。下面通过一个案例来讲解如何抠像。

- 要点提示："超级键"效果的使用　　　• 在线视频：第 1 章\1.9 绿幕抠像效果　　　• 素材路径：素材 \ 第 1 章\1.9
- 应用场景：绿幕抠像　　　• 魅力指数：★★★★

01 将"陨石""星球"素材导入
素材箱，然后将这两段素材拖至"时
间轴"面板中，其中，"陨石"素
材在V2轨道，"星球"素材在V1
轨道，如图1-75所示。

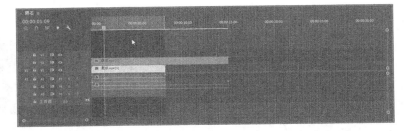

图1-75

02 打开"效果"面板，选择"视频效果">"键控">"超级键"效果，然后将其拖至"陨石"素材上，如图1-76
所示。

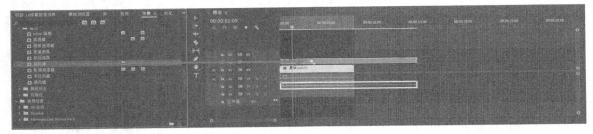

图1-76

03 在"效果控件"面板中单击"超级键"下拉列表中的"吸管工具"按钮，吸取"陨石"素材中的绿色，如图1-77
所示。

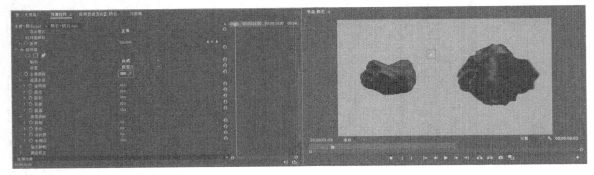

图1-77

04 将"遮罩生成"选项下的"基值"设置为"60.0"，
将"遮罩清除"选项下的"抑制"设置为"22.0"、"柔
化"设置为"8.0"，如图1-78所示。

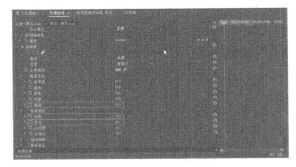

图1-78

05 案例最终效果如图 1-79 所示。

知识拓展

- 其他颜色的纯色背景也同样适用此抠像方法，需要注意的是，非抠除部分的内容的颜色不能与抠除部分的内容相同。
- 在抠像时，"基值""抑制""柔化""容差"是比较常用的参数，其他参数的值根据实际情况适当调整即可。

图1-79

1.10 电影遮幅效果的制作

在保持画面不变形的前提下，拍摄时在摄影机监视器前加一个档框格，遮住原来标准画幅的上下两边，使画面宽高比由标准的 1.33∶1 变成 1.66∶1 至 1.85∶1，从而得到宽银幕效果，也就是常说的电影遮幅效果。本节将用此原理在 Premiere Pro CC 中制作电影遮幅效果。

- 要点提示：黑场视频的应用
- 素材路径：素材 \ 第 1 章 \1.10
- 在线视频：第 1 章 \1.10 电影遮幅效果的制作
- 应用场景：制作宽荧幕效果，营造电影感
- 魅力指数：★★★★

01 将"城市"素材导入素材箱，然后将该素材拖至"时间轴"面板中，如图 1-80 所示。

02 单击"新建项"按钮，选择"黑场视频"选项，保持默认参数设置，添加一个黑场视频，如图 1-81 所示。

图1-80

图1-81

03 将"黑场视频"素材拖至 V2 轨道中，然后拖曳"黑场视频"素材的右侧边框，使其和"城市"素材的右侧边框对齐，如图 1-82 所示。

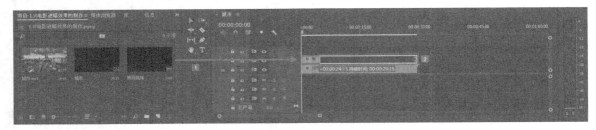

图1-82

04 选中"黑场视频"素材，在"效果控件"面板中将"运动">"位置"中代表 y 轴坐标的数值调整为"-330.0"，如图 1-83 所示。

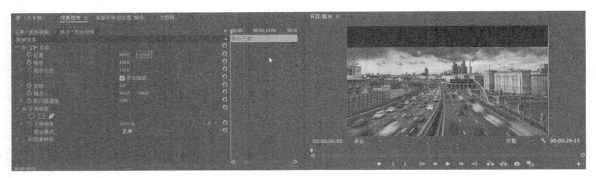

图1-83

05 回到"时间轴"面板，按住 Alt 键并将"黑场视频"素材拖至 V3 轨道中，如图 1-84 所示。

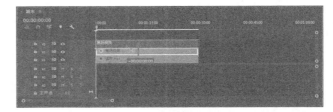

图1-84

06 选中 V3 轨道中的"黑场视频"素材，在"效果控件"面板中将"运动">"位置"中代表 y 轴坐标的数值调整为"1420.0"，如图 1-85 所示。

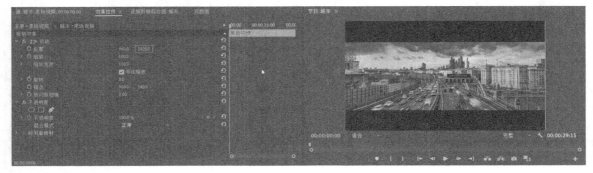

图1-85

07 案例效果如图 1-86 所示。

- 使用"新建项"下拉列表中的"颜色
遮罩"选项或者"视频效果"中的"裁
剪"效果也能实现同样的效果。

图1-86

1.11 代理剪辑

　　代理剪辑是指当剪辑高质量视频素材（如 4K 视频素材）时，由于计算机配置偏低会出现卡顿现象，因此需要将高质量视频转换为低质量视频再进行剪辑，剪辑工作完成后再以高质量（原视频质量）视频的形式导出视频。代理剪辑需要使用 Adobe Media Encoder CC，下面演示代理剪辑的步骤。

- 要点提示：代理剪辑的操作步骤　　　　- 在线视频：第 1 章 \1.11 代理剪辑　　　　- 素材路径：素材 \ 第 1 章 \1.11
- 应用场景：分辨率较大的视频　　　　- 魅力指数：★★★★

01 将"4K 素材（一）""4K 素材（二）""4K 素材（三）"3
段素材导入素材箱，使用鼠标右键单击"4K 素材（一）"，
执行"属性"命令，查看视频参数，如图 1-87 所示。

02 同时选中"4K 素材（一）""4K 素材（二）""4K
素材（三）"3 段素材，单击鼠标右键，执行"代理" >
"创建代理"命令，如图 1-88 所示。

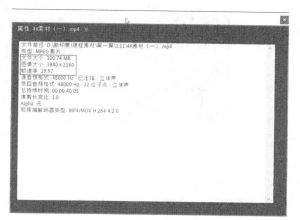

图1-87

03 弹出"创建代理"对话框，将"格式"设置为"H.264"、"预设"设置为"1280×720 H.264"、"目标"
设置为"在原始媒体旁边，代理文件夹中"，设置完成后单击"确定"按钮，如图 1-89 所示。

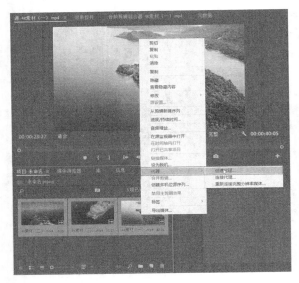

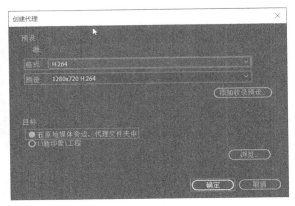

图1-88   图1-89

04 单击"确定"按钮之后会自动打开 Adobe Media Encoder CC，并且根据步骤 03 中设置的参数自动进行转码，如图 1-90 所示。

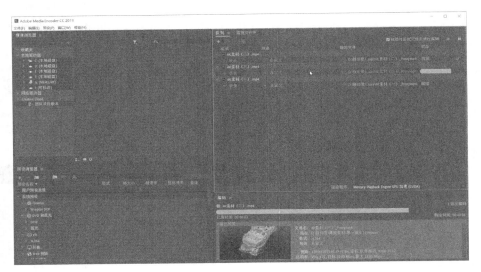

图1-90

05 转码完成后回到素材箱，同时选中"4K 素材（一）""4K 素材（二）""4K 素材（三）"3 段素材，单击鼠标右键，执行"代理">"连接代理"命令，弹出"连接代理"对话框，单击"附加"按钮，然后选中第一个视频素材，单击"确定"按钮，如图 1-91 所示。

06 选中"4K 素材（一）""4K 素材（二）""4K 素材（三）"3 段素材并将其拖至"时间轴"面板中，然后在"节目"面板中单击"按钮编辑器"按钮，将"切换代理"按钮拖至下方的快捷栏中，如图 1-92 所示。

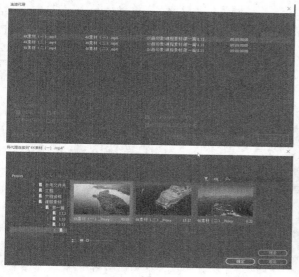

图1-91

图1-92

07 在剪辑时单击"切换代理"按钮，如图1-93所示。

图1-93

08 剪辑工作完成后，单击"切换代理"按钮，将其恢复为初始状态，执行"文件" > "导出" > "媒体"命令，在"导出设置"对话框中单击"列队"按钮，打开 Adobe Media Encoder CC，设置文件的导出位置，单击"开始"按钮，导出完成即可，如图1-94所示。

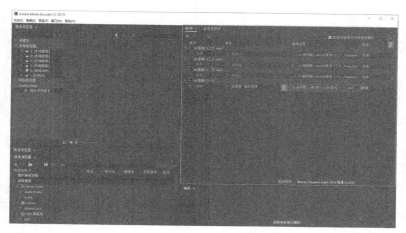

图1-94

知识拓展

- 在调色时建议使用原素材。
- Premiere Pro CC 和 Media Encoder CC 必须在版本相同的前提下才能连接。

第 **2** 章

短视频的版面设置和必会技巧

本章将以第 1 章的内容为基础，讲解如何用 Premiere Pro CC 来制作短视频，主要内容包括短视频的版面设置和必会技巧，以及在剪辑完成之后正确导出高清视频并上传到短视频平台的方法。

2.1 设置首选项

Premiere Pro CC 是一个自定义强度比较高的软件，用户可以根据自己的习惯更改此软件的外观或者进行行为设置。下面介绍"首选项"对话框及其中主要选项的含义。

执行"编辑">"首选项">"外观"命令，打开"首选项"对话框，在这个对话框内可以调整工作区的亮度、交互控件的亮度和焦点指示器的亮度，如图 2-1 所示。

"自动保存"选项卡中包括"自动保存时间间隔"和"最大项目版本"选项，如图 2-2 所示。"自动保存时间间隔"选项用于设置两次自动保存间隔的分钟数。"最大项目版本"选项用于设置要保存的项目文件的版本数，例如，设置"最大项目版本"为"20"，Premiere Pro CC 将保存 20 个最近的版本的项目文件。

默认情况下 Premiere Pro CC 会每隔 15 分钟自动保存一次项目，并将项目文件的 20 个最近版本保存在硬盘上，如果剪辑的内容比较重要且步骤复杂，那么建议缩短自动保存时间间隔。

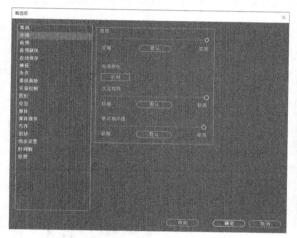

图2-1

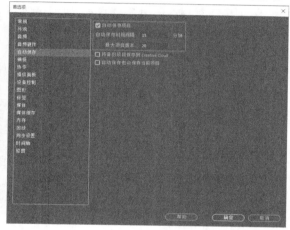

图2-2

在"媒体缓存"选项卡中可创建媒体缓存文件。创建媒体缓存文件是为了显示音频波形和改进某些类型的媒体的播放。定期清理旧的或未使用的媒体缓存文件有利于计算机保持最佳性能。单击"浏览"按钮并导航至所需的文件夹，可以更改媒体缓存文件的保存位置；如果需要删除未使用的媒体缓存文件，则可以单击"删除未使用项"按钮，如图 2-3 所示。还可以设置自动删除选项。

渲染视频序列（例如，包含高分辨率源视频或静止图像的序列）时需要大量内存来同时渲染多个帧。如果运算量过大，则 Premiere Pro CC 可能会强制取消渲染并发出"低内存警告"提示。在出现这些情况时，可以在"内存"选项卡中将"优化渲染为"由"性能"更改为"内存"，以最大限度地增加可用内存。当渲染完成后不再需要内存优化时，再将"优化渲染为"恢复为"性能"，如图 2-4 所示。

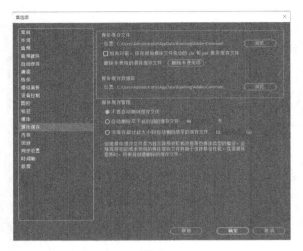

图2-3

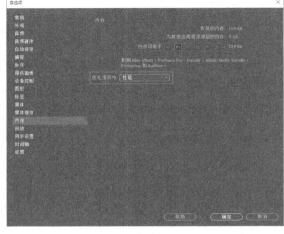

图2-4

2.2 设置竖屏视频序列

在进行短视频剪辑之前，需要先确定视频的序列，目前，手机平台上的视频多以竖屏视频序列为主。下面演示如何创建竖屏视频序列。

先打开"新建序列"对话框，将"编辑模式"设置为"自定义"，"时基"设置为"25.00帧/秒"，"帧大小"的水平值设置为"1080"、垂直值设置为"1920"，"像素长宽比"设置为"方形像素（1.0）"，其他选项保持默认设置，如图2-5所示。设置完成后单击"确定"按钮。

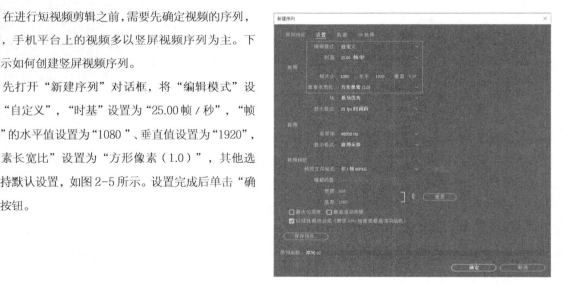

图2-5

然后将"栈桥日落"素材拖至"时间轴"面板中，最终竖屏视频序列的效果如图 2-6 所示。

图2-6

2.3 如何匹配视频序列与画面

在很多情况下，设置好序列后，因各视频素材或者各图片素材尺寸不同而不能正好吻合预先设置的序列，这时要对画面进行调整来匹配视频序列。

新建一个高清竖屏视频序列，打开"新建序列"对话框，将"编辑模式"设置为"自定义"，"时基"设置为"25.00 帧 / 秒"，"帧大小"的水平值设置为"1080 "、垂直值设置为"1920"，"像素长宽比"设置为"方形像素（1.0）"，单击"确定"按钮。设置完成后导入"商场"素材，如图 2-7 所示。

图2-7

将"商场"素材拖至"时间轴"面板中，这时弹出"剪辑不匹配警告"对话框，然后单击"保持现有设置"按钮，可以看到"商场"素材并未覆盖整个画面，如图 2-8 所示。

图2-8

这种情况在剪辑过程中经常会遇到，可以选中"时间轴"面板中的"商场"素材，然后在"效果控件"面板中调整"运动">"缩放"为"179.0"，通过损失一定的画面内容实现画面与视频序列的匹配，如图2-9所示。

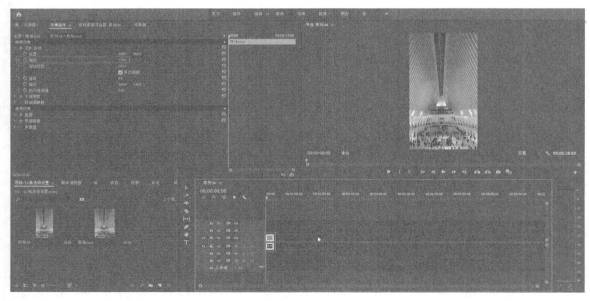

图2-9

下面讲解另外一种情况。导入"晚霞"素材并将其拖至"时间轴"面板中，该视频素材由于方向问题也没有完全覆盖整个画面，如图 2-10 所示。

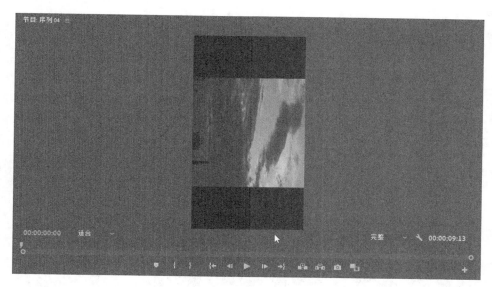

图2-10

这种情况下需要调整视频的角度，选中"晚霞"视频素材，打开"效果控件"面板，将"运动"＞"旋转"设置为"－90.0"，调整完成后的画面如图 2-11 所示。

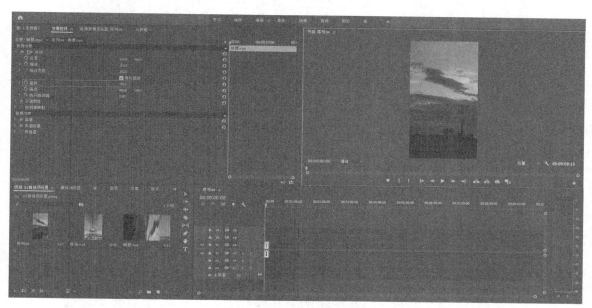

图2-11

知识拓展

- "效果控件"面板中的参数值都不是固定的，需要根据实际情况来调整。
- 放大画面时，从理论上来说，放大后的画面不要超过原画面的 25%，这样对视频画质的影响较小。

验证码：30675

2.4 上下模糊的三屏视频的制作

本节介绍一种比较热门的短视频排版，上下内容模糊、中间是主要内容，而且模糊部分和主要内容部分的播放是同步的。

- 要点提示："模糊"效果的应用
- 应用场景：竖屏短视频
- 在线视频：第2章\2.4 上下模糊的三屏视频的制作
- 魅力指数：★★★★
- 素材路径：素材\第2章\2.4

01 将"蓝天白云"素材导入素材箱，新建一个高清竖屏视频序列并将该素材拖至"时间轴"面板中，如图2-12所示。

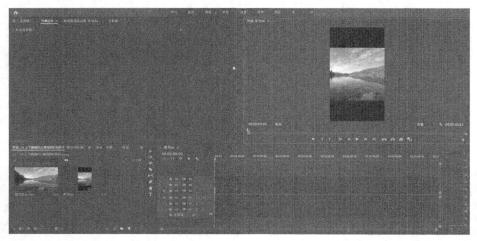

图2-12

02 在"时间轴"面板中选中"蓝天白云"素材，打开"效果控件"面板，将"运动">"缩放"调整为"65.0"，如图2-13所示。

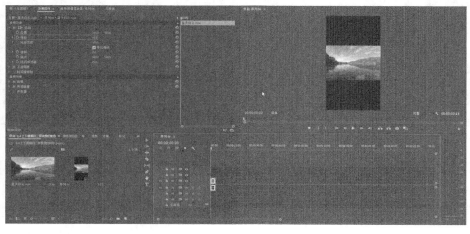

图2-13

03 复制"蓝天白云"素材。按住 Alt 键，按住鼠标左键向上拖动"蓝天白云"素材，如图 2-14 所示。

图2-14

04 选中 V1 轨道中的"蓝天白云"素材，在"效果控件"面板中将"运动" > "缩放"设置为"180.0"，如图 2-15 所示。

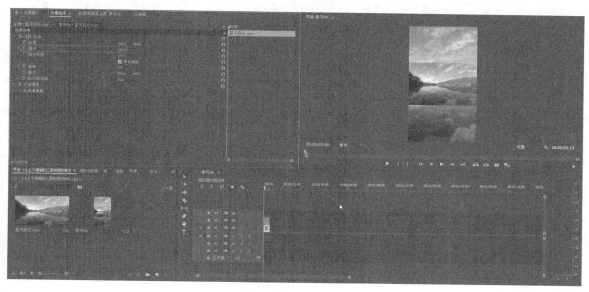

图2-15

05 打开"效果"面板，选择"视频效果" > "模糊与锐化" > "高斯模糊"效果，然后将其拖至 V1 轨道中的"蓝天白云"素材上，如图 2-16 所示。

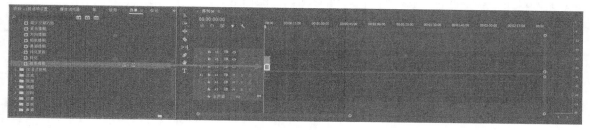

图2-16

06 选中 V1 轨道中的"蓝天白云"素材，在"效果控件"面板中将"高斯模糊"选项下的"模糊度"设置为"40.0"，如图 2-17 所示。

07 案例最终效果如图 2-18 所示。

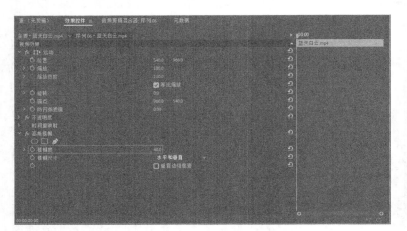

图2-17

图2-18

知识拓展

• 以上所有参数值都不是固定的，需要根据画面的实际情况进行调整。

• 调整"模糊尺寸"参数可以更改模糊的方向，其下拉列表中有"水平""垂直""水平和垂直"等选项。

2.5 短视频封面的制作

封面是短视频的门面，新闻的标题在一定程度上决定了其关注度和点击量，类似地，短视频封面的好坏也决定了观众是否会对短视频内容感兴趣。本节讲解短视频封面的制作。

一般来说，搞笑类短视频的封面多以拼接为主，也就是几张图拼在一起，并添加相应文字。下面讲解如何让拼接的画面具有过渡性。先将"健身""泳池"两张图片素材导入素材箱，并且新建一个高清竖屏视频序列，然后将两张图片素材拖至"时间轴"面板中，如图 2-19 所示。

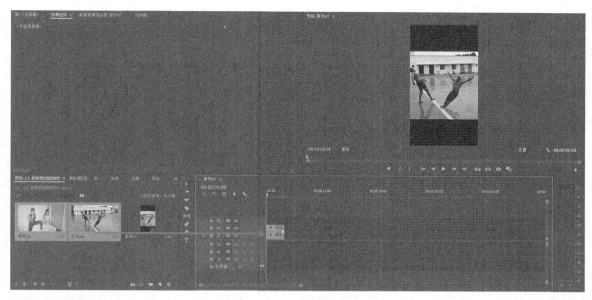

图2-19

调整"泳池"素材的位置和大小。打开"效果控件"面板，将"运动" > "位置"中代表 x 轴坐标的参数值调整为"660.0"、代表 y 轴坐标的参数值调整为"605.0"、"缩放"调整为"115.0"，如图 2-20 所示。

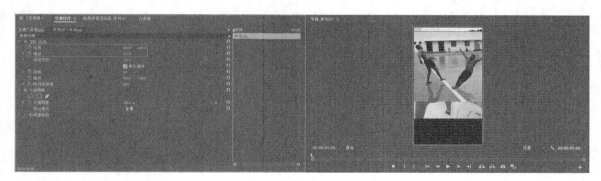

图2-20

调整"健身"素材的位置和大小。打开"效果控件"面板，将"运动" > "位置"中代表 x 轴坐标的参数值调整为"540.0"、代表 y 轴坐标的参数值调整为"1500.0"、"缩放"调整为"90.0"，如图 2-21 所示。

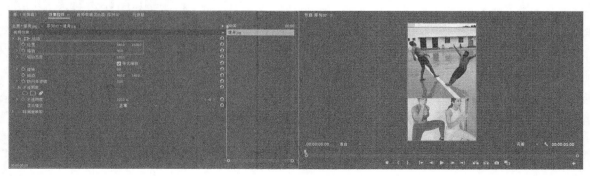

图2-21

在"效果控件"面板的"不透明度"选项下单击"创建4点多边形蒙版"按钮▢，绘制蒙版路径，如图2-22所示。

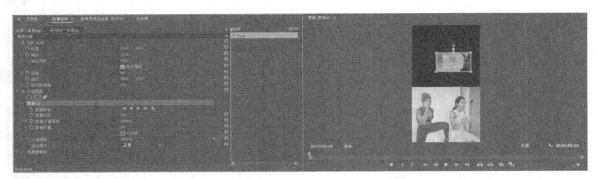

图2-22

将"蒙版羽化"调整为"50.0"，然后调整蒙版路径，以扩大蒙版范围，如图2-23所示。

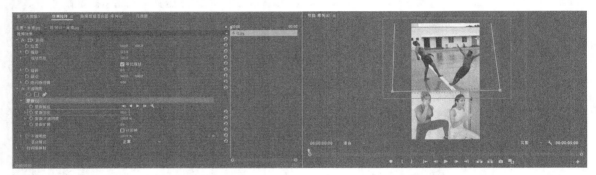

图2-23

最终效果如图2-24所示。

图2-24

知识拓展

• 蒙版的范围可根据实际情况调整。
• 画面中蒙版未选中的部分不显示，为透明区域。

2.6 短视频封面如何添加

　　封面制作完成之后，需要将其添加到短视频中，一般封面的时长为 1 秒，并且放在整个短视频的最前面，将"运动""栈桥日落"素材导入"时间轴"面板中，将时间针放置在 1 秒的位置，并拖动"运动"素材使其时间针对齐，如图 2-25 所示。

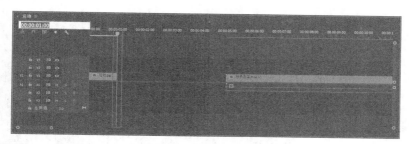

图2-25

　　将"栈桥日落"素材与"运动"素材对齐即可，如图 2-26 所示。

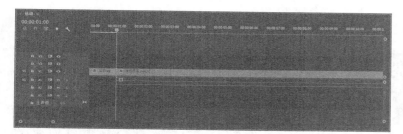

图2-26

知识拓展

● 将封面放在短视频最前面的意义在于不破坏短视频的完整性，并且在平台作品栏中可以清楚显示作品封面，方便用户选择性观看。

2.7 故事类短视频的剪辑点

　　在剪辑故事类短视频时，剪辑点的把握是非常重要的。好的故事类短视频通常不是一镜到底的，因为这样会引起视觉疲劳，而是将多角度、不同景别的镜头组接在一起，通过一组镜头来完成一个动作的演绎，其中镜头切换的位置就称为剪辑点。举例说明：拍摄小明在一条小路上行走的视频时，分别拍摄了他的腿部和脚的特写，行走的过程中两段视频的剪辑点就在腿抬起、脚落下的一瞬间。本节通过案例的形式来讲解剪辑点。

● 要点提示：理解剪辑点的含义　　● 在线视频：第 2 章 \2.7 故事类短视频的剪辑点　　● 素材路径：素材 \ 第 2 章 \2.7

● 应用场景：故事类短视频　　● 魅力指数：★ ★ ★ ★

01 将"荡秋千（一）""荡秋千（二）"两段素材导入素材箱，并将其拖至"时间轴"面板中。预览"荡秋千（一）"素材，找到秋千最高点的位置，将时间针移至此处，并且将时间针后面的素材删掉，如图2-27所示。

图2-27

02 预览"荡秋千（二）"素材，找到跟"荡秋千（一）"素材截断位置相同的动作，也就是秋千刚要下降的位置，将时间针移至此处，并将时间针前面的素材删掉，如图2-28所示。

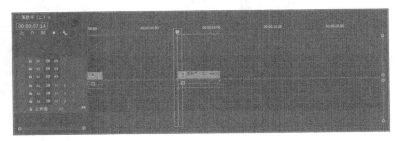

图2-28

03 将使两段素材衔接，完成整个短视频的剪辑，如图2-29所示。

图2-29

知识拓展

● 除上述动作剪辑点之外，常见的剪辑点还有情绪剪辑点、节奏剪辑点、队列衔接剪辑点等。

2.8 人物表情放大效果的制作

在视频中，将人物的表情或者某个部位瞬间放大，是一种常见的表现形式，多用于需要突出人物的表情或某个部位的视频中。

- 要点提示："放大"效果的运用
- 应用场景：需要突出人物表情的场景
- 在线视频：第 2 章 \2.8 人物表情放大效果的制作
- 魅力指数：★★★★
- 素材路径：素材 \ 第 2 章 \2.8

01 将"游乐场"素材导入素材箱，并将该素材拖至"时间轴"面板中，然后将需要放大的部分单独剪出，如图 2-30 所示。

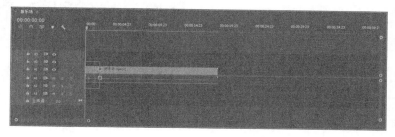

图2-30

02 打开"效果"面板，选择"视频效果">"扭曲">"放大"效果，然后将其拖至需要放大的素材上，如图 2-31 所示。

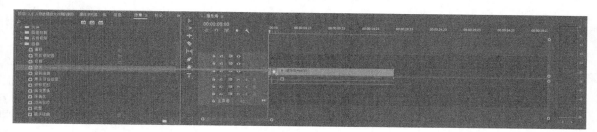

图2-31

03 单独选中需要放大的素材，在"效果控件"面板中调整"放大"选项下的参数，将"中央"调整为"485.0,222.0"、"放大率"调整为"160.0"、"大小"调整为"185.0"、"羽化"调整为"20.0"，如图 2-32 所示。

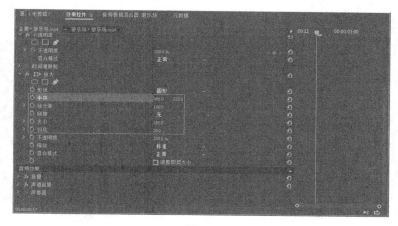

图2-32

04 案例最终效果如图2-33所示。

图2-33

2.9 一人分饰两个角色效果的制作

一人分饰两个角色的意思是让同一个人以"两个人"的形式同时出现在一个视频画面中，主要用于制作创意剧情和搞笑娱乐类视频，例如制作自己和自己对话、分身术、瞬移术等效果，其原理是：背景保持不变，使人物在同一画面的不同位置出现，然后通过蒙版的方式保留人物的部分。拍摄素材的流程是：拍摄时要固定相机的位置，拍摄背景是静态的或者是运动比较缓慢的物体，拍摄人物在画面中不同的位置做出不同的动作和表情、进行不同的对话等视频。

- 要点提示：蒙版的含义
- 素材路径：素材 \ 第 2 章 \2.9
- 在线视频：第 2 章 \2.9 一人分饰两个角色效果的制作
- 应用场景：分身术效果
- 魅力指数：★ ★ ★ ★

01 将"射击（一）""射击（二）"素材导入素材箱，然后将这两段素材拖至"时间轴"面板中，其中"射击（一）"素材在 V1 轨道中，"射击（二）"素材在 V2 轨道中，如图 2-34 所示。

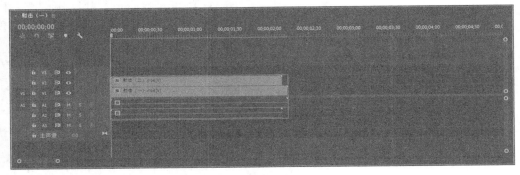

图2-34

02 单击"切换轨道输出"按钮 ，可以切换预览视频的轨道，便于对比两段视频素材的区别。下面给"射击（二）"素材画蒙版，只保留人物的部分。在"时间轴"面板中选中"射击（二）"素材，打开"效果控件"面板，单击"不透明度"选项下的"自由绘制贝赛尔曲线"按钮 ，在"射击（二）"素材上将人物的大概轮廓画出来，将"蒙版羽化"调整为"50.0"，如图 2-35 所示。

图2-35

03 这样就完成了一人分饰两个角色的效果，如图 2-36 所示。

图2-36

2.10 为视频配音

在宣传片、纪录片等视频中，配音是不可缺少的一部分。本节讲解如何用 Premiere Pro CC 为视频配音，可以直接在软件内根据视频内容进行声画对应。

在配音之前，为了避免产生回声需要先对音频选项进行设置。执行"编辑">"首选项">"音频"命令，弹出图 2-37 所示的对话框。

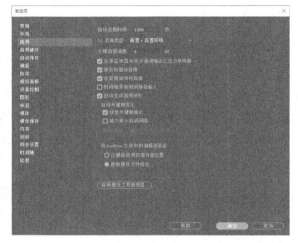

图2-37

勾选"时间轴录制期间静音输入"复选框，如图 2-38 所示，完成后关闭"首选项"对话框。

将"语录"素材导入素材箱作为需要配音视频，然后将该素材拖至"时间轴"面板中，单击 A2 轨道的"画外音录制"按钮，此时"节目"面板中出现"3""2""1"录音倒计时，如图 2-39 所示。随后屏幕底部出现"正在录制"字样，即可开始配音。

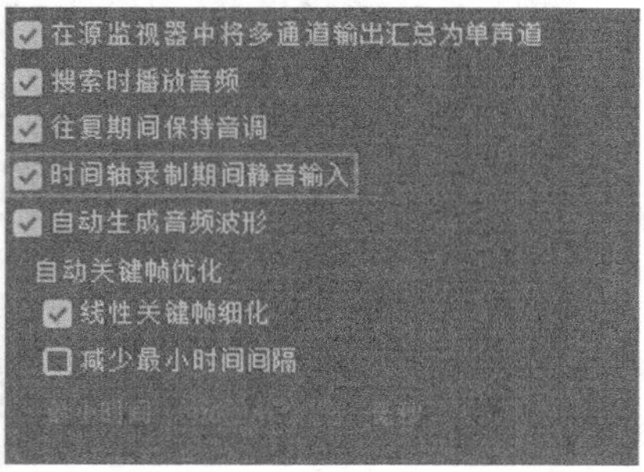

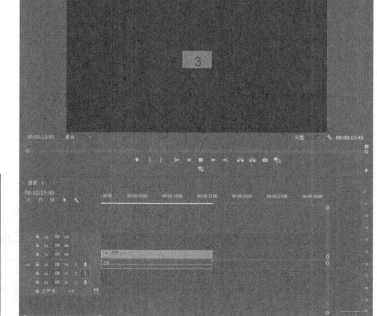

图2-38

图2-39

在配音时可以根据视频内容进行声画同步配音。声音录制完成后按 Space 键即可停止录制，如图 2-40 所示。

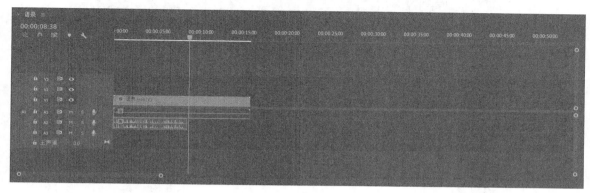

图2-40

● 如果没有安装麦克风设备，则"画外音录制"按钮██无效。

2.11 视频边框的制作

在视频剪辑完成之后，需要为视频做一个整体的包装，以优化视频效果。

下面以高清横屏视频为例，为该视频做一个边框。将"语录"素材导入素材箱，然后将其拖至"时间轴"面板中并移至 V2 轨道上，如图 2-41 所示。

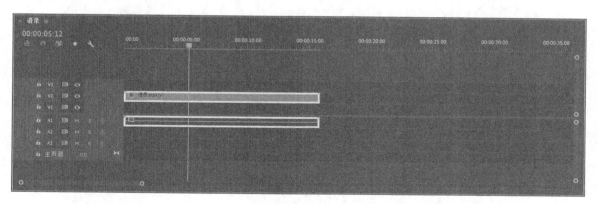

图2-41

执行"文件" > "新建" > "旧版标题"命令，单击"矩形工具"按钮██，绘制一个矩形，使其覆盖整个视频画面，如图 2-42 所示。

相关内容

旧版标题的添加方法详见"1.4 字幕的添加方法"。

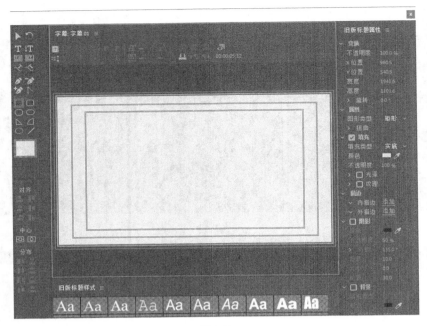

图2-42

调整矩形的颜色，将"填充类型"设置为"线性渐变"，然后设置渐变颜色分别为蓝色和紫色，将"角度"调整为"330.0°"，设置完成后如图2-43所示，关闭"字幕"面板。

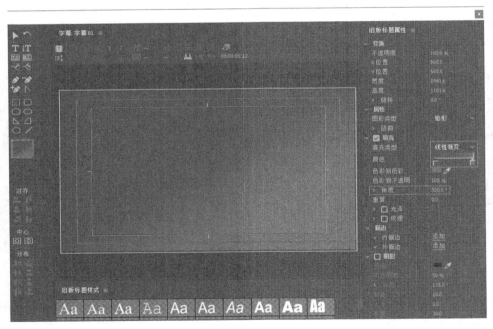

图2-43

将设置好的背景素材拖至V1轨道中，作为"语录"素材的边框背景，然后选中"语录"素材，在"效果控件"面板中将"运动">"缩放"调整为"95.0"，如图2-44所示。

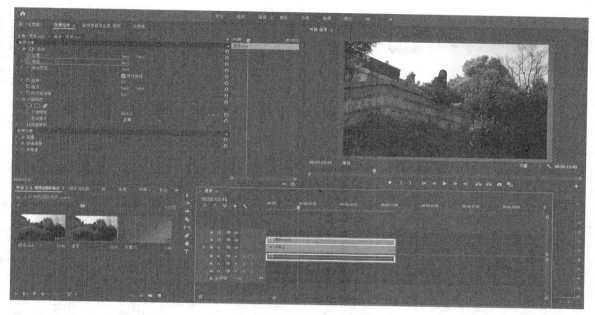

图2-44

由于上下边框和左右边框的宽度不同，因此需要添加"裁剪"效果进行调整。打开"效果"面板，选择"视频效果">"变换">"裁剪"效果，然后将其拖至"语录"素材上，如图 2-45 所示。

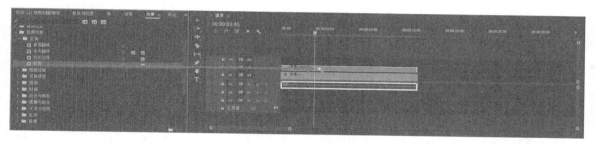

图2-45

添加"裁剪"效果之后，需要将视频顶部和底部的内容裁剪一部分，让上下边框与左右边框的宽度相同。在"效果控件"面板的"裁剪"选项下将"顶部"和"底部"都调整为"2.0%"，如图 2-46 所示。

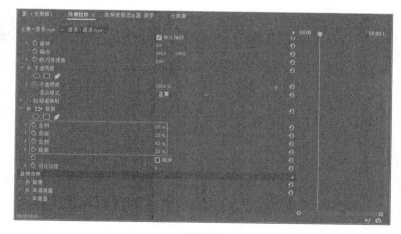

图2-46

最终效果如图2-47所示。

图2-47

2.12 导出和上传高清短视频

视频剪辑完成以后，需要对视频进行导出和上传平台的操作。短视频的导出设置不同于正常视频的导出设置，并不是精度越高越好，因为每个短视频平台都对视频占用内存的大小有限制，如果短视频占用内存过大，在上传短视频至平台时压缩的程度就大，这样得不偿失，所以进行适当的导出设置非常重要。

在短视频制作和导出时要注意以下两点。

第一，短视频时长问题。由于各个短视频平台的时长限制不同和个人账号的权限不同，因此在开始制作短视频前要策划好整个短视频的时长，避免出现时长超出限制导致短视频无法上传完整的情况。

第二，短视频内存问题。由于短视频时长较短，因此其占用的内存一般以存储单位MB来衡量，如果短视频所占内存过大，短视频平台就会对短视频进行大幅度压缩以使其满足上传要求，而这一过程必然会对短视频的画质造成影响。

下面对不同的导出设置进行对比。导入"小狗"素材并将其拖至"时间轴"面板中，这里不做任何剪辑操作，直接导出短视频，执行"文件" > "导出" > "媒体"命令，打开"导出设置"对话框，如图2-48所示。

在"导出设置"对话框中，可以看到"估计文件大小"为"114MB"，这里的"估计文件大小"就是前文所述的短视频所占内存大小。114MB 对短视频来说是比较大的，需要修改比特率减小短视频所占内存，将"预设"选项由"匹配源－高比特率"改为"匹配源－中等比特率"，此时"估计文件大小"为"35MB"，如图 2-49 所示。

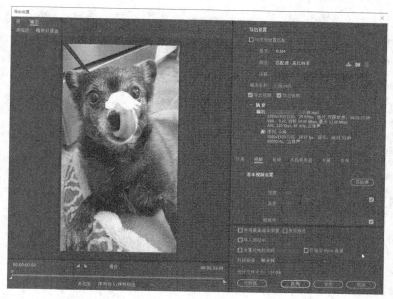

图2-48

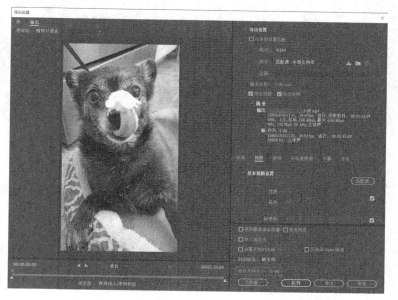

图2-49

如果短视频所占内存比较大，调整"预设"为"匹配源－中等比特率"还是无法满足相应内存要求，则可以自定义比特率。在比特率自定义栏中将"目标比特率"改为"2"、"最大比特率"改为"4"，此时"估计文件大小"为"24MB"。这里需要注意比特率的大小和成片的画质及容量成正比，即比特率越大画质越好，容量也越大。

知识拓展

- 内存的换算：1GB=1024MB，1MB=1024KB，1KB=1024Byte。
- 对短视频来说，不是比特率越大越好，上传的平台和播放硬件会影响视频的画质。

第 3 章

基础字幕

　　字幕是视频中不可缺少的一部分，在内容的表现方面占有重要地位，可以让观众更清晰地理解视频内容。本章将讲解字幕的制作和使用方法，先讲解制作基础字幕的 5 种工具，然后结合 Photoshop 详细讲解如何批量添加字幕。

3.1 制作基础字幕的 5 种工具

本节介绍制作基础字幕的5种工具，分别是文字工具、旧版标题、开放式字幕、基本图形编辑、基本图形模板，通过对这5种工具的学习，掌握视频中基础字幕的参数设置和添加技巧。

3.1.1 文字工具

"文字工具" ▮是 Premiere Pro CC 2017.1.2 新添加的一种工具，其字体选项默认以英文形式显示。下面通过对一段文字的调整来讲解"文字工具" ▮的使用方法。先将"情侣"素材导入"时间轴"面板中，单击"文字工具"按钮▮，然后单击素材的任意位置，输入文字"浪漫之旅"和"langmanzhilǚ"，如图 3-1 所示。

图3-1

输入文字以后需要对其参数进行调整。先在"时间轴"面板中选中文字素材，然后打开"效果控件"面板，"源文本"选项下的第一个参数用于设置字体，这里选择"SimHei"，即"黑体"，第二个参数用于设置字体样式，这里选择"Regular"，即"常规字体"，右侧的滑块用于设置字体大小，将字体大小调整为"90"，单击"居中对齐文本"按钮▮，如图 3-2 所示。

图3-2

下面调整文字之间的位置关系。"字偶间距"按钮用于调整字距，即调整左右文字之间的距离，这里将此数值设置为"35"；"行距"按钮用于调整行距，即调整上下文字之间的距离，这里将此数值设置为"10"，如图 3-3 所示。

下面对文字的外观进行调整，主要调整"填充""描边""阴影"3 个属性。先将"填充"设置为红色，然后勾选"阴影"复选框，弹出相关的参数，第一个按钮代表阴影的不透明度，将其值调整为"65%"，第二个按钮代表阴影的角度，将其值调整为"5×120°"，第三个按钮代表阴影与文字的距离，将其值调整为"15.0"，第四个按钮代表阴影的扩散大小，将其值调整为"5.0"，第五个按钮代表阴影的模糊度，将其值设置为"8"，如图 3-4 所示。

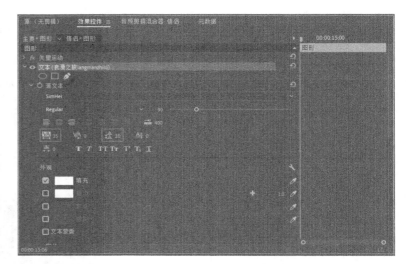

图3-3

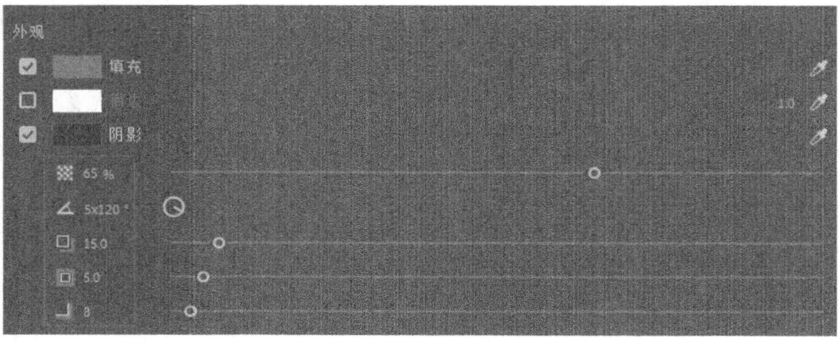

图3-4

下面调整文字整体的位置，将"变换"选项下的"位置"调整为"650.0,500.0"，如图 3-5 所示。

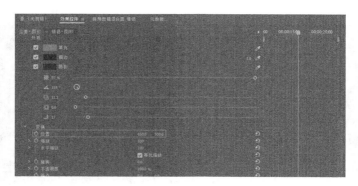

图3-5

相关内容

"变换"选项下的参数的含义和"效果控件"面板内相应参数的含义相同，请参考"1.8.1 运动"中的内容。

设置完成后，可根据需要在"时间轴"面板中移动字幕的位置，最终效果如图3-6所示。

图3-6

● 在输入文字时如果出现文字不能被识别的情况，则将字体更改为中文字体即可。

3.1.2　旧版标题

"1.4字幕的添加方法"一节中讲了通过"旧版标题"命令添加字幕的流程和参数的设置，本小节主要讲解旧版标题窗口内工具栏的作用和常用工具的使用方法。

窗口左上角的工具栏中包含用于文字输入、移动和创建图形等的工具。单击"文字工具"按钮 T，输入"浪漫之旅"4个字，然后全选文字，将"字体系列"改为"黑体"，如图3-7所示。

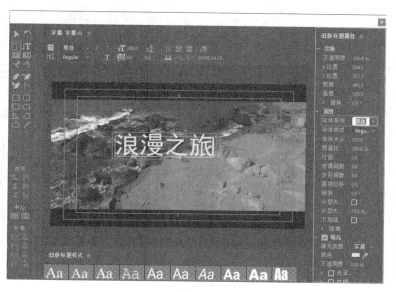

图3-7

输入文字时可以让文字按照特定的路径排列。单击"路径文字工具"按钮，在视频画面内画一条波浪形路径，画完路径之后再次单击"路径文字工具"按钮，输入"langmanzhilü"，如图3-8所示。

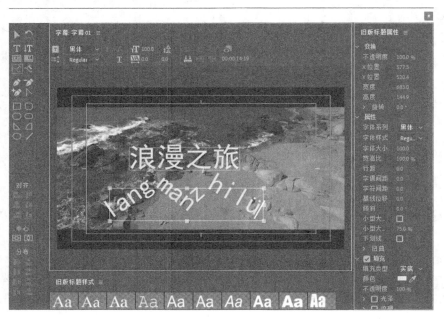

图3-8

添加形状的工具有用于自定义形状的钢笔工具和规范的几何图形工具，下面在两部分文字之间画个填充矩形。单击"矩形工具"按钮，然后在视频画面内画一个矩形，如图3-9所示。

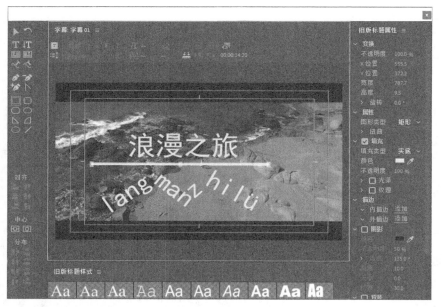

图3-9

在窗口的右侧为文字进行参数的设置，如设置变换、属性、填充、描边等。"变换"选项下的参数的作用与"效果控件"面板内的参数的作用相同，这里的"宽度"和"高度"可以理解为单个文字在垂直和水平方向的长度。"属性"选项下的参数主要用于调整文字的属性，如字体、大小、间距等。下面对拼音部分进行设置。单击"选择工具"按钮，选中拼音内容，将"字体大小"设置为"60.0"，将"字符间距"设置为"20.0"，如图 3-10 所示。

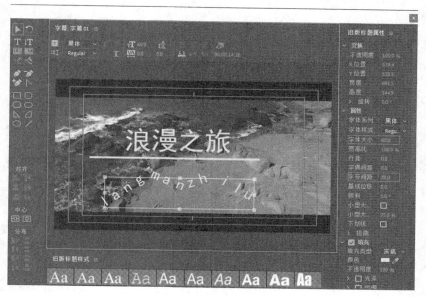

图3-10

"填充"选项下的参数的作用是改变输入文字和绘制图形的颜色，操作方法是选中需要调整颜色的内容，然后选择所需颜色即可。这里选中文字之间的矩形，将"颜色"改为橘色，如图 3-11 所示。

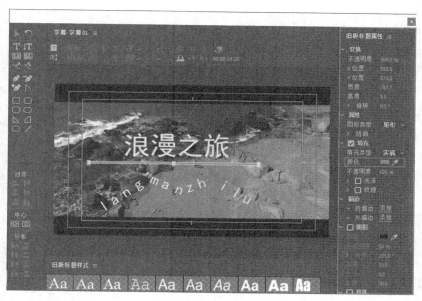

图3-11

在"填充"选项内还可以设置渐变颜色。选中"浪漫之旅"4个字，然后在"填充类型"的下拉列表中选择"线性渐变"选项，将前面的颜色滑块调整为蓝色，将后面的颜色滑块调整为紫色，将"角度"设置为"300.0°"，如图3-12所示。

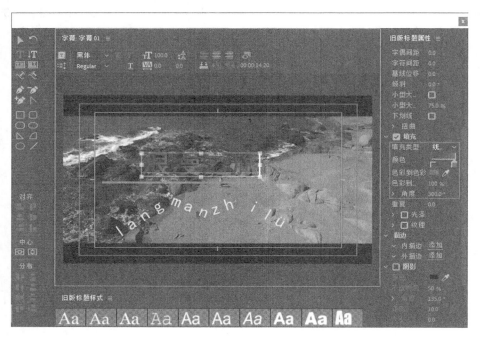

图3-12

按照上述方法为拼音部分设置"线性渐变"样式，如图3-13所示。

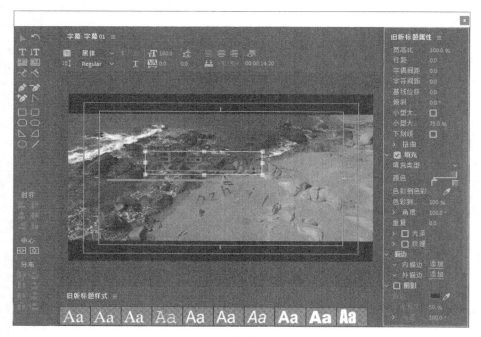

图3-13

　　字幕内容全部调整完之后，关闭旧版标题窗口，在素材箱中找到字幕素材，然后将其拖至"时间轴"面板中，根据视频的实际情况移动字幕的位置，如图3-14所示。

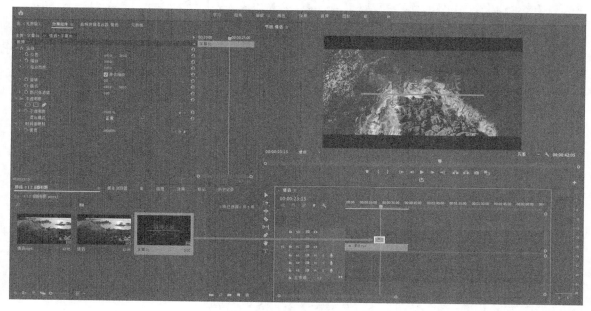

图3-14

　　字幕添加完成以后，如果需要新建字幕，且该字幕的参数设置和第一条字幕全部一样，只是文字内容不同，则可以双击已添加的字幕素材，打开旧版标题窗口，在视频上方单击"基于当前字幕新建字幕"按钮，如图3-15所示。在弹出的"新建字幕"对话框中单击"确定"按钮。

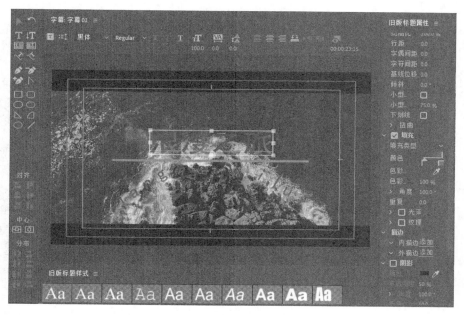

图3-15

将新建的字幕素材拖至"时间轴"面板中，如图 3-16 所示。

图3-16

双击新建的字幕素材，打开旧版标题窗口，将原有的字幕内容删掉，输入"海滩之恋"和"haitanzhilian"，这样该字幕的参数设置就与第一条字幕的相同，最终效果如图 3-17 所示。

图3-17

知识拓展

● 全选的快捷键是 Ctrl+A。

3.1.3 开放式字幕

开放式字幕适用于短视频、电影和电视剧。下面讲解它的具体制作方法。将"沙滩"素材导入"时间轴"面板中，执行"文件"＞"新建"＞"字幕"命令，弹出"新建字幕"对话框，在"标准"下拉列表中选择"开放式字幕"选项，单击"确定"按钮，如图 3-18 所示。

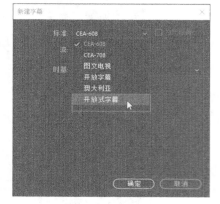

图3-18

将新建的字幕拖入 V2 轨道中，然后在"时间轴"面板中双击字幕素材，打开"字幕"面板，如图 3-19 所示。

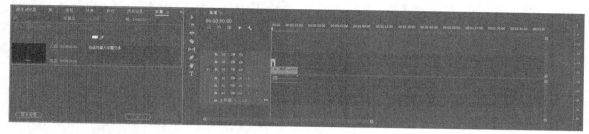

图3-19

在"在此处键入字幕文本"的位置输入文字"黎明前的黑暗渐渐退去"，如图 3-20 所示。

调整字幕的参数。选择"字体"为"黑体"，将"大小"调整为"45"，单击"居中对齐"按钮▇，将不透明度调整为"0%"，设置字幕为"下居中"，最终设置如图 3-21 所示。

图3-20

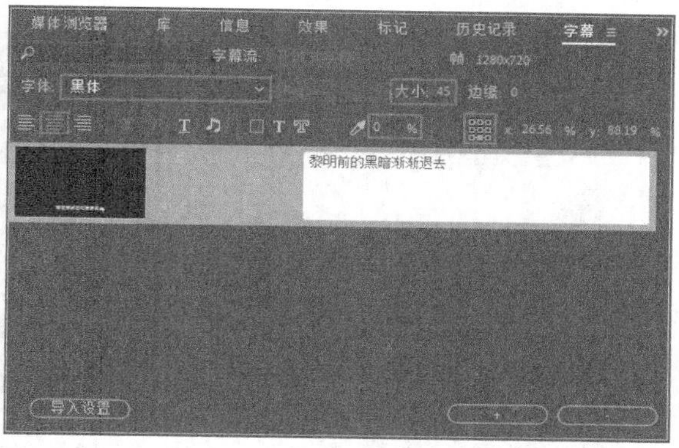

图3-21

相关内容

上述参数的相关介绍请参考"3.1.1 文字工具"中的内容。

设置完成后的效果如图 3-22 所示。

图3-22

下面添加与第一条字幕有相同参数设置的第二条字幕。单击"添加字幕"按钮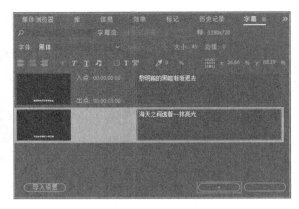，输入文字"海天之间透着一抹亮光"，如图 3-23 所示。

图3-23

输入完成后可以发现，该字幕并未在画面中显示，这时需要按 + 键放大时间轴，将字幕素材的显示时间延长，如图 3-24 所示。

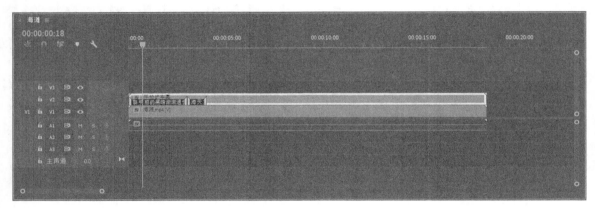

图3-24

在"时间轴"面板中可以看到，所有新建的字幕均在同一视频轨道中，如果需要调整字幕出现的位置，则可以拖动字幕素材两端的小滑块，如图 3-25 所示。

这样就成功添加了具有相同参数设置的字幕。

图3-25

3.1.4 基本图形编辑

基本图形编辑是 Premiere Pro CC 2018 中新添加的功能，之前的字幕工具主要以设置文字为主，在文字和图形搭配上有一定欠缺，基本图形编辑功能可以很好地解决这一问题。下面具体讲解文字结合图形的方法。将"海滩"素材拖至"时间轴"面板中，将工作区切换为"图形"工作区，然后在"基本图形"面板中单击"编辑"，如图 3-26 所示。

图3-26

单击"新建图层"按钮，选择"文本"选项，新建一个文本图层，如图 3-27 所示。

图3-27

单击"文字工具"按钮T，选中"新建文本图层"文字并删掉，输入文字"碧海蓝天"，然后在"基本图形"面板中选择字体为"SimHei"，如图3-28所示。

图3-28

调整文字的位置。将代表 x 轴坐标的参数值调整为"120.0"，将代表 y 轴坐标的参数值调整为"650.0"，其他参数保持默认设置，如图3-29所示。

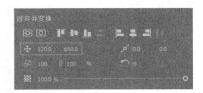

图3-29

下面制作文字的背景图层。单击"新建图层"按钮，选择"矩形"选项，将"填充"改为红色，然后将"形状01"图层拖至"碧海蓝天"图层下方，如图3-30所示。

图3-30

单击"选择工具"按钮 ▶，调整背景图层的位置和大小，调整后的效果如图 3-31 所示。

图3-31

进一步美化背景图层。使用鼠标右键单击"形状 01"图层，执行"复制"命令，然后在空白处单击鼠标右键，执行"粘贴"命令，效果如图 3-32 所示。

将复制得到的"形状 01"图层拖至最下层，并将"填充"改为白色，如图 3-33 所示。

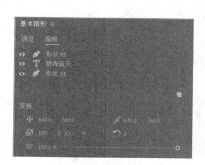

图3-32

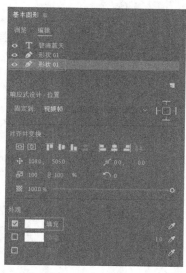

图3-33

调整白色图层的位置，使其和红色图层错开，最终效果如图 3-34 所示。

图3-34

知识拓展

● "基本图形"面板中的图层显示关系为：优先显示最上层的图层。

↘ 3.1.5　基本图形模板

　　基本图形模板是 Premiere Pro CC 自带的一种文字模板，只需修改文字内容即可使用，下面演示基本图形模板的具体使用方法。先将"跑步"素材拖至"时间轴"面板中，将工作区切换为"图形"工作区，然后在"基本图形"面板中单击"浏览"，如图 3-35 所示。

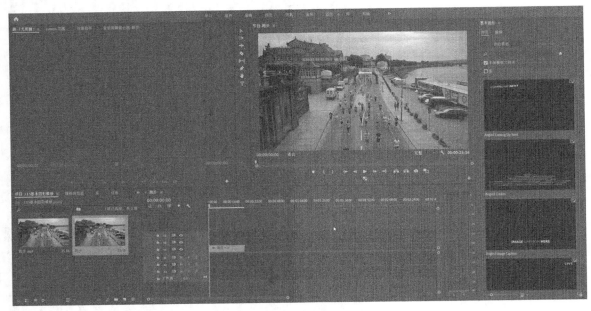

图3-35

　　根据需要选择一款合适的模板并拖至"时间轴"面板中，如图 3-36 所示。

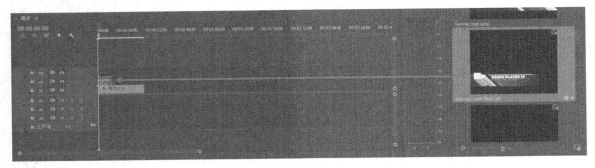

图3-36

小提示

如果当前计算机没有安装模板中的字体，就会弹出一个"解析字体"对话框，关掉即可，不影响后面的操作。

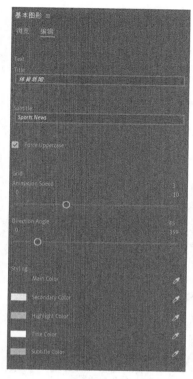

图3-37

在"时间轴"面板中单击字幕模板，可在"基本图形"面板中调整模板的参数，将第一个文本框中的内容改为"体育新闻"，将第二个文本框中的内容改为"Sports News"，如图 3-37 所示。

可以根据需求继续调整相关参数，最终效果如图 3-38 所示。

图3-38

3.2 批量添加字幕

输入字幕是后期剪辑中比较让人头疼的一件事，因为工作量非常大，还要多次重复枯燥的步骤，可以通过批量添加字幕来解决这个问题。本节结合 Photoshop 讲解如何批量添加字幕。

- 要点提示：熟悉批量添加字幕的操作步骤
- 素材路径：素材 \ 第 3 章 \3.2
- 在线视频：第 3 章 \3.2 批量添加字幕
- 应用场景：批量添加字幕
- 魅力指数：★★★★★

01 导入"情侣"素材并将其拖至"时间轴"面板中，利用"旧版标题"命令添加字幕，输入文字"黎明前的黑暗渐渐退去"并调整其字体为"黑体"，将"字体大小"调整为"46.0"、"字符间距"调整为"10.0"、"颜色"调整为白色、"X 位置"调整为"630.0"、"Y 位置"调整为"680.0"，如图 3-39 所示。

图3-39

相关内容

利用"旧版标题"命令添加字幕的方
法详见"1.4 字幕的添加方法"一节。

02 将"字幕 01"素材拖至 V2 轨道中，然后单击"节目"面板中的"导
出帧"按钮，弹出"导出帧"对话框，设置"名称"为"字幕标准"、
"格式"为"JPEG"，选择导出位置，单击"确定"按钮，保存备用，如
图 3-40 所示。

图3-40

03 打开 Photoshop，将刚才保存的"字幕标准"素材导入 Photoshop，如图 3-41 所示。

图3-41

04 单击"文字工具"按钮 T，输入与"字幕标准"素材中相同的文字内容，并调整其字体、位置、大小、排布方式，使其与"字幕标准"素材大致重合，如图3-42所示。

图3-42

05 把需要批量生成的文字用文本文档保存，保存内容分为两部分：第一部分为字幕变量区，可为任何英文；第二部分为字幕的内容区，一句一行，如图3-43所示。

图3-43

06 在 Photoshop 中单击背景图层前面的"指示图层可见性"按钮，如图 3-44 所示。

图3-44

07 在 Photoshop 中，执行"图像" > "变量" > "定义"命令，弹出"变量"对话框，然后勾选"文本替换"复选框，设置"名称"为"title"（与文本文档的第一部分内容相同），单击"下一个"按钮，如图 3-45 所示。

图3-45

08 单击"导入"按钮，在弹出的对话框中单击"选择文件"按钮，弹出"载入"对话框，选择"字幕文本"文件并单击"载入"按钮，然后勾选下方的两个复选框，单击"确定"按钮，如图 3-46 所示。

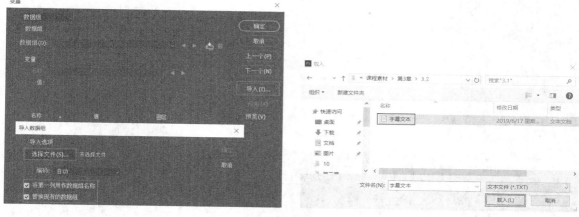

图3-46

09 单击"数据组"右侧的下拉按钮，可以预览每组字幕，说明字幕导入成功，如图 3-47 所示。

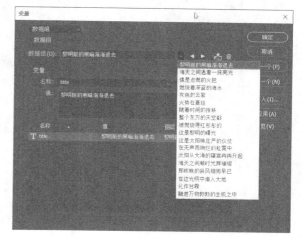

图3-47

10 执行"文件">"导出">"数据组作为文件"命令，弹出"将数据组作为文件导出"对话框，自定义文件的导出位置，其他选项保持默认设置，单击"确定"按钮，如图 3-48 所示。

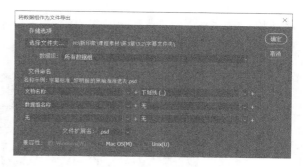

图3-48

11 回到 Premiere Pro CC，在素材箱中导入上一步生成的字幕文件，如图 3-49 所示。

图3-49

小提示

单击"打开"按钮后会弹出"导入分层文件"对话框，多次单击"确定"按钮即可导入所有字幕文件。

12 导入完成之后，单击"视图列表"按钮 ，切换视图的预览方式，
如图 3-50 所示。

图3-50

13 按快捷键 Ctrl+A 全选素材箱中的字幕素材，然后将其拖入需要添加字幕的视频轨道中，根据视频的实际情况调整每条字幕的时长即可，如图 3-51 所示。

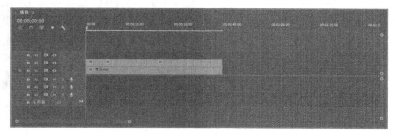

图3-51

课后习题 1：根据音频批量添加字幕

使用 3.1 节中的任意一种工具给视频素材添加一段文字，并使用 3.2 节介绍的操作步骤批量添加字幕。

● 操作提示：批量生成字幕
● 素材路径：素材 \ 第 3 章 \ 课后习题 1

● 强化技能：批量添加字幕

● 难度指数：★★★★

字幕添加完成后的效果如图 3-52 所示。

图3-52

课后习题 2：使用基本图形制作新闻标题板

通过对"基本图形"知识的学习，自己制作一个新闻栏目的标题版，其中包含文字、背景、动态元素等，如图3-53 所示。

● 操作提示：基本图形编辑
● 素材路径：素材 \ 第 3 章 \ 课后习题 2

● 强化技能：图形排版能力

● 难度指数：★★★★

图3-53

字幕特效

本章将在基础字幕内容的基础上通过 10 个案例有针对性地对字幕特效的制作技巧进行讲解,教读者如何将字幕特效合理地运用到视频中。灵活运用字幕特效可以提高视频的整体质量。

4.1 书写文字效果——书写

　　书写文字效果就是将文字以笔画书写的形式展现在视频中，书写文字和视频内容相结合，可以使视频更生动。

● 要点提示：笔画位置关键帧　　　● 在线视频：第 4 章 \4.1 书写文字效果——书写　　　● 素材路径：素材 \ 第 4 章 \4.1
● 应用场景：片名展示　　　　　　● 魅力指数：★★★★

---

01 将"海岸"素材导入素材箱，然后将该素材拖至"时间轴"面板中，执行"文件" > "新建" > "旧版标题"命令，弹出"新建字幕"对话框，单击"确定"按钮，输入英文"Vlog"。在"旧版标题属性"面板中将"X 位置"调整为"1015.0"、"Y 位置"调整为"560.0"、"字体大小"调整为"250.0"、"字符间距"调整为"25.0"、"颜色"设置为白色，在"描边"选项下添加"外描边"效果，如图 4-1 所示。所有参数设置完成后将字幕素材拖至 V2 轨道中。

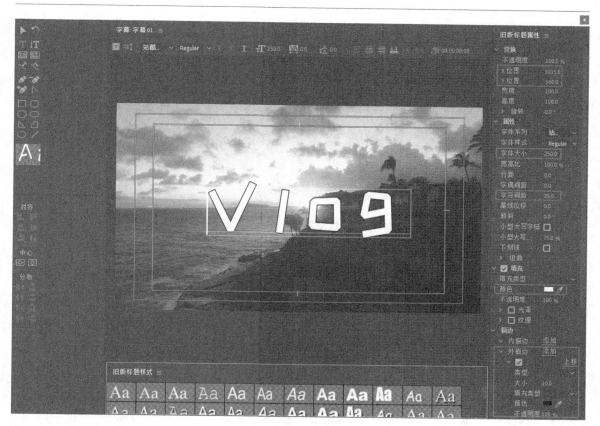

图4-1

02 将"字幕01"素材的长度延长至与"海岸"素材相同，然后选中"字幕01"素材，单击鼠标右键，执行"嵌套"命令，如图4-2所示。

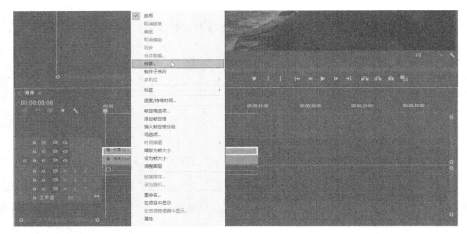

图4-2

03 打开"效果"面板，选择"视频效果">"生成">"书写"效果，然后将其拖至 V2 轨道中，如图4-3所示。

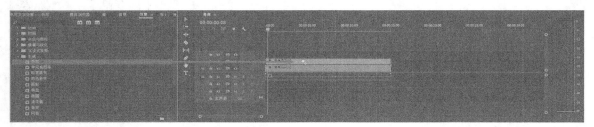

图4-3

04 调整"书写"效果的参数。在"效果控件"面板内单击"书写"，"节目"面板中会出现一个十字星标志，将十字星标志移至字幕笔画的开始位置，将"颜色"改为绿色、"画笔大小"设置为"40.0"、"画笔硬度"设置为"80%"、"画笔间隔（秒）"设置为"0.001"，如图4-4所示。

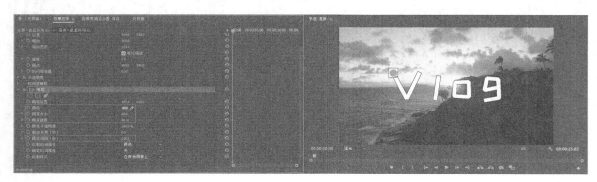

图4-4

05 对文字笔画进行描绘。先将时间针放在 2 秒的位置，然后单击"画笔位置"前的"切换动画"按钮 ⊙，连续按→键两次，沿着英文移动十字星标志，如图 4-5 所示。

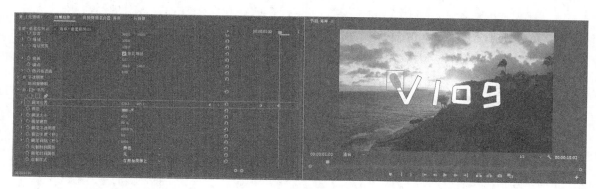

图4-5

小提示

如果十字星标志消失，单击"书写"两字即可使其出现。

06 重复上面的步骤进行文字笔画的描绘，每按两次→键移动一下十字星标志，直到将所有文字的笔画描绘完，如图 4-6 所示。

图4-6

07 将"书写"选项下的"绘制样式"设置为"显示原始图像"，如图 4-7 所示。

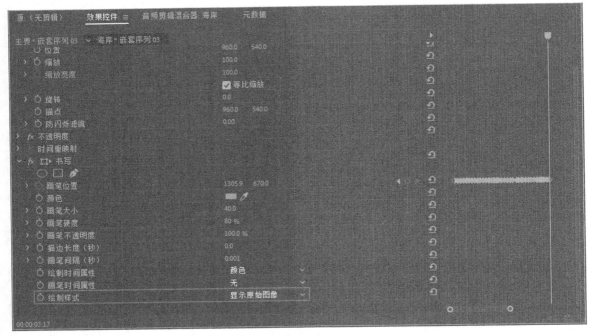

图4-7

08 添加背景音乐并进行相应调整，案例最终效果如图 4-8 所示。

图4-8

知识拓展

- 由于"书写"效果的运算量较大，因此如果不嵌套素材，计算机就会非常卡顿。嵌套是一种虚拟技术，将比较大的文件换成小文件进行预览，在运算量较大的时候这个功能很重要，可以很大程度地提升预览效率。
- "画笔间隔（秒）"的数值越小，绘制效果越细腻。
- 画笔颜色不必固定，能和文字的颜色区分开即可，为防止视觉疲劳，建议画笔使用绿色。

4.2 霓虹灯闪烁效果——高斯模糊与相机模糊

霓虹灯闪烁效果可以用在夜景街拍视频中，具有烘托氛围、点缀环境的功能。

- 要点提示：灯光的制作步骤
- 素材路径：素材 \ 第 4 章 \4.2
- 在线视频：第 4 章 \4.2 霓虹灯闪烁效果——高斯模糊与相机模糊
- 应用场景：夜景
- 魅力指数：★★★

01 导入"霓虹灯"素材并将其拖至"时间轴"面板中，执行"文件" > "新建" > "旧版标题"命令，弹出"新建字幕"对话框，单击"确定"按钮，然后输入"COOL"。在"旧版标题属性"面板中将"X 位置"调整为"970.0"、"Y位置"调整为"560.0"、"字体系列"设置为"黑体"、"字体大小"调整为"370.0"、"字符间距"调整为"5.0"、"颜色"设置为绿色，如图 4-9 所示。设置完成后关闭窗口。

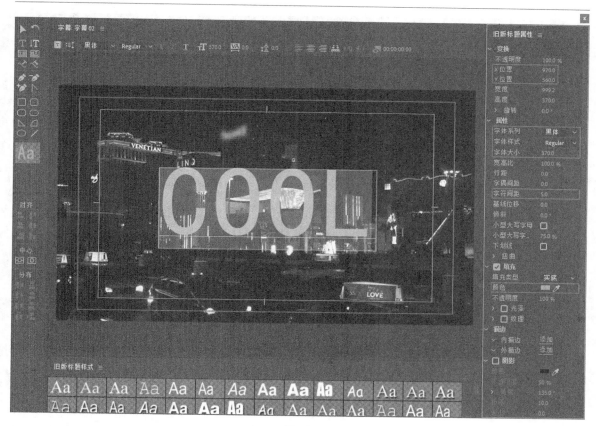

图4-9

02 把字幕素材拖至 V2 轨道中，然后在按住 Alt 键的同时向上拖动字幕素材，如图 4-10 所示，将字幕素材复制两份。

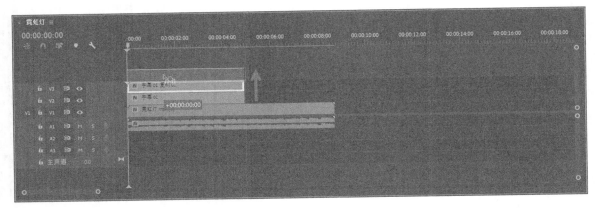

图4-10

03 打开"效果"面板,选择"视频效果">"模糊与锐化">"高斯模糊"效果,然后将其拖至 V4 轨道中的字幕素材上,如图 4-11 所示。

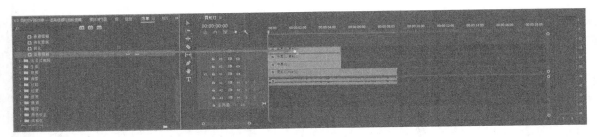

图4-11

04 打开"效果"面板,选择"视频效果">"模糊与锐化">"相机模糊"效果,然后将其拖至 V3 轨道中的字幕素材上,如图 4-12 所示。

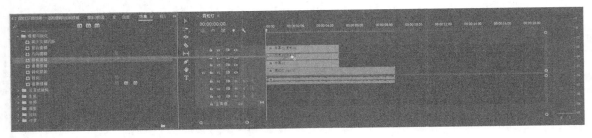

图4-12

05 选中 V4 轨道中的字幕素材,在"效果控件"面板中将"高斯模糊"选项下的"模糊度"调整为"80.0",如图 4-13所示。

06 选中 V3 轨道中的字幕素材,在"效果控件"面板中将"相机模糊"选项下的"百分比模糊"调整为"50",如图 4-14 所示。

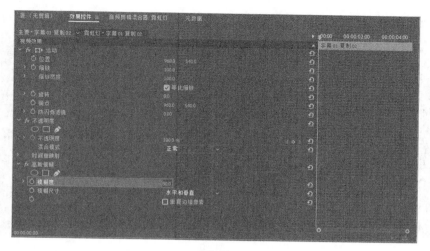

图4-13

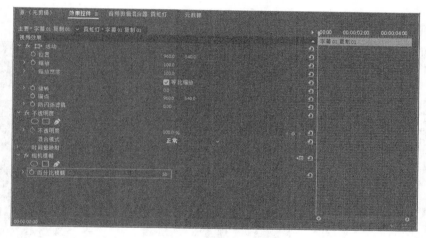

图4-14

07 制作霓虹灯的闪烁效果。同时选中3个字幕素材，单击鼠标右键，执行"嵌套"命令，然后单击"确定"按钮，完成后如图4-15所示。

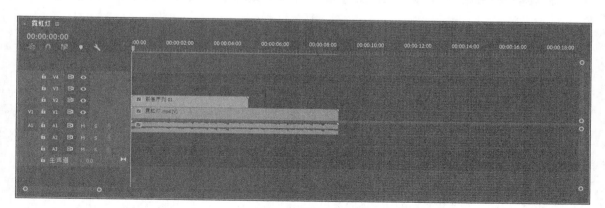

图4-15

08 按 + 键放大时间轴，单击"剃刀工具"按钮 ✎，每隔两帧删除一帧画面，如图 4-16 所示。

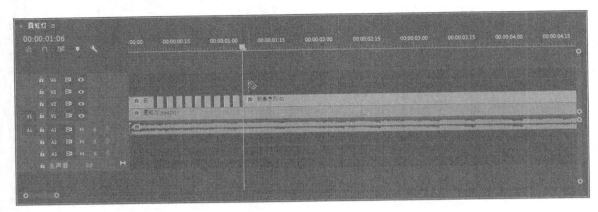

图4-16

09 制作完成后的效果如图 4-17 所示。

图4-17

知识拓展

● 每按一次方向键移动一帧，按住 Shift 键的同时每按一次方向键移动 5 帧。

4.3 逐字输入的打字机字幕效果——文字工具

逐字输入的打字机字幕效果常用在短视频的结尾或故事类视频的开头，可使内容突出醒目，让人一目了然。

要点提示：文字关键帧	在线视频：第 4 章 \4.3 逐字输入的打字机字幕效果——文字工具	
素材路径：素材 \ 第 4 章 \4.3	应用场景：搜索框、文字说明	魅力指数：★★★★

01 将"搜索框""打字机－键盘敲击声"素材导入素材箱，然后新建一个高清横屏视频序列，将"搜索框"素材拖至"时间轴"面板中，如图 4-18 所示。

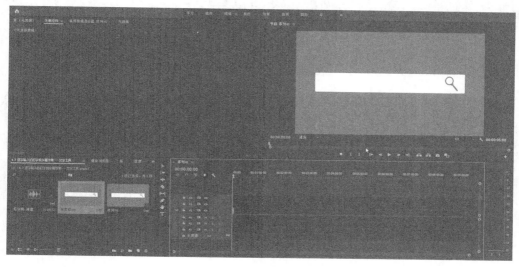

图4-18

相关内容

新建序列的方法详见"1.1.2 剪辑流程"。

02 单击工具栏中的"文字工具"按钮，输入文字"打"。打开"效果控件"面板，在"文本（打）"选项下将"源文本"的字体设置为"SimHei"、字体大小调整为"157"、"填充"设置为黑色、"位置"调整为"230.0,590.0"，如图 4-19 所示。

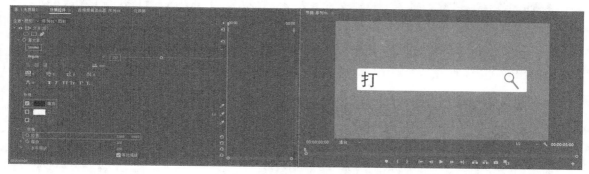

图4-19

03 第一个文字设置完成后单击"源文本"前的"切换动画"按钮，然后在按住 Shift 键的同时按一次→键，向前移动 5 帧，输入文字"字"，如图 4-20 所示。

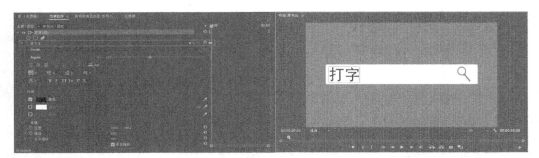

图4-20

04 重复上一步的操作，输入文字"机"，如图 4-21 所示。

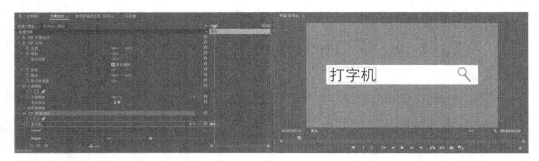

图4-21

05 重复以上操作直到输入完"打字机字幕效果"文字，如图 4-22 所示。

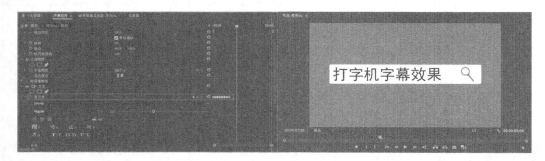

图4-22

06 文字输入完成后将"位置"调整为"315.0,590.0"，如图 4-23 所示。

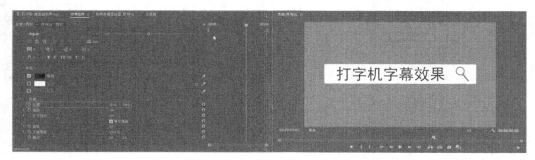

图4-23

07 将"打字机－键盘敲击声"素材拖至 A1 轨道中，并进行相应调整，案例最终效果如图 4-24 所示。

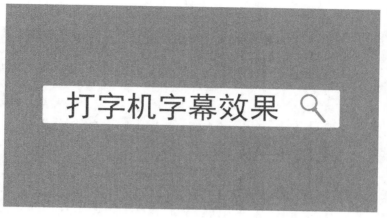

图4-24

4.4 镂空文字效果——轨道遮罩键

本节讲解如何使用"轨道遮罩键"效果制作创意开场视频，将文字轨迹作为通道，显示底层视频，制作出文字和背景视频结合的效果。

- 要点提示："轨道遮罩键"效果
- 素材路径：素材 \ 第 4 章 \4.4
- 在线视频：第 4 章 \4.4 镂空文字效果——轨道遮罩键
- 应用场景：镂空文字
- 魅力指数：★ ★ ★

01 导入"散步"和"背景音乐"素材，然后将"散步"素材拖至"时间轴"面板中，如图 4-25 所示。

图4-25

02 单击 "新建项" 按钮![img]，选择 "黑场视频" 选项，单击 "确定" 按钮，然后将 "黑场视频" 素材拖至 V2 轨道中，并将该素材的长度延长至与 "散步" 素材相同，如图 4-26 所示。

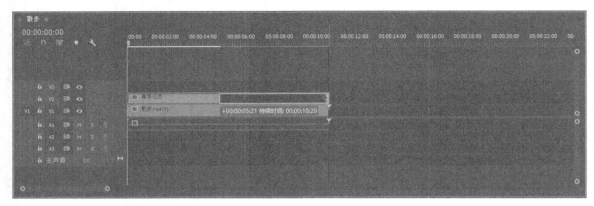

图4-26

03 执行 "文件" > "新建" > "旧版标题" 命令，弹出 "新建字幕" 对话框，单击 "确定" 按钮，然后输入英文 "LOVERS"。在 "旧版标题属性" 面板中将 "字体系列" 设置为 "黑体"、"字体大小" 调整为 "407.0"、"X 位置" 调整为 "960.0"、"Y 位置" 调整为 "640.0"，如图 4-27 所示。设置完成后关闭窗口。

图4-27

04 将"字幕 01"素材拖至 V3 轨道中，并将该素材的长度延长至与"散步"素材相同，如图 4-28 所示。

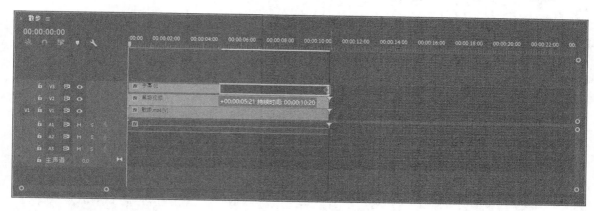

图4-28

05 打开"效果"面板，选择"视频效果" > "键控" > "轨道遮罩键"效果，然后将其拖至"黑场视频"素材上，如图 4-29 所示。

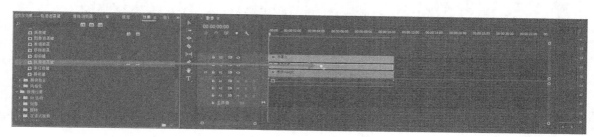

图4-29

06 打开"效果控件"面板，将"轨道遮罩键"选项下的"遮罩"设置为"视频 3"，勾选"反向"复选框，如图 4-30 所示。

07 对"背景音乐"素材进行相应调整，案例最终效果如图 4-31 所示。

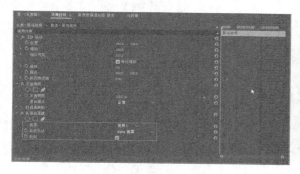

图4-30

图4-31

4.5 文字溶解效果——粗糙边缘

文字溶解效果可用于以云层或者流体视频的开场字幕中。

- 要点提示：边框关键帧
- 素材路径：素材 \ 第 4 章 \4.5
- 在线视频：第 4 章 \4.5 文字溶解效果——粗糙边缘
- 应用场景：开场字幕
- 魅力指数：★ ★ ★

01 将"云层"素材和音乐素材导入素材箱，然后将"云层"素材拖至"时间轴"面板中，如图 4-32 所示。

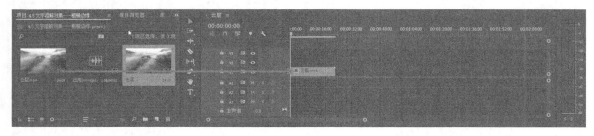

图4-32

02 新建旧版标题，然后单击"文字工具"按钮 T，输入文字"苍茫云海间"。在"旧版标题属性"面板中将"字体系列"设置为"楷体"、"X 位置"调整为"980.0"、"Y 位置"调整为"560.0"、"字体大小"调整为"150.0"、"字符间距"调整为"10.0"、"颜色"设置为白色，如图 4-33 所示。设置完成后关闭窗口。

图4-33

03 将"字幕01"素材拖至V2轨道中,打开"效果"面板,选择"视频效果">"风格化">"粗糙边缘"效果,然后将其拖至字幕素材上,如图4-34所示。

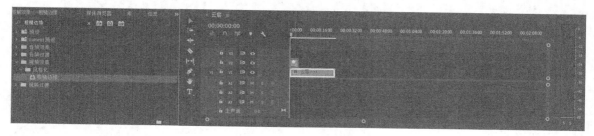

图4-34

04 选中"字幕01"素材,打开"效果控件"面板,将时间针移至视频的开始位置。单击"粗糙边缘"选项下"边框"前的"切换动画"按钮 并将"边框"设置为"110.0",然后将时间针移至3秒的位置并将"边框"设置为"0.00",如图4-35所示。

05 将音乐素材拖至A1轨道中并进行相应调整,案例最终效果如图4-36所示。

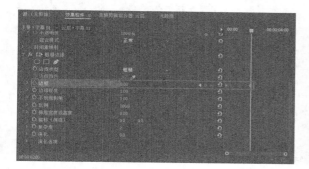

图4-35

图4-36

4.6 聊天气泡效果——运动设置

聊天气泡效果多用于故事类视频中的聊天内容展示。

● 要点提示:运动关键帧   ● 在线视频:第4章\4.6 聊天气泡效果——运动设置

● 素材路径:素材\第4章\4.6   ● 应用场景:聊天气泡   ● 魅力指数:★★★★

01 将"聊天背景""白气泡""绿气泡"素材和消息提示音素材导入素材箱,然后选中"聊天背景"素材,将其拖至V1轨道中并延长其时间,将"白气泡"素材拖至V2轨道中并延长其时间,如图4-37所示。

图4-37

02 新建旧版标题，然后单击"文字工具"按钮 T，输入文字"玩个游戏吗"，将字体设置为黑体，调整文字的大小和位置，位置与"白气泡"素材一致，将"颜色"设置为黑色，并将字幕素材延长至和"白气泡"素材一致，设置完成后效果如图4-38所示。

图4-38

03 同时选中"字幕01"和"白气泡"素材，单击鼠标右键，执行"嵌套"命令，如图4-39所示。

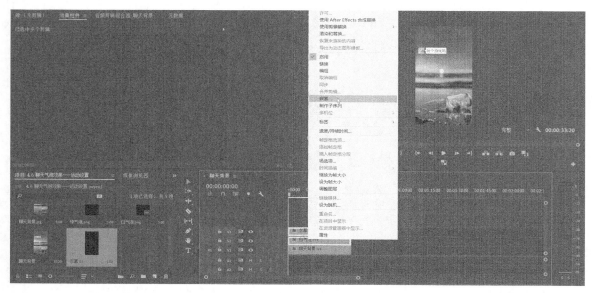

图4-39

04 选中"嵌套序列01"素材,打开"效果控件"面板,调整"锚点"的值,使锚点位于聊天气泡最前端,如图4-40 所示。

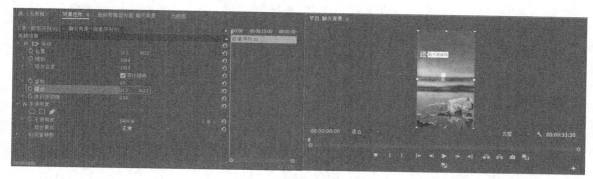

图4-40

05 将时间针移至视频的开始位置,单击"缩放" 前的"切换动画"按钮 ⊙,将"缩放"调整为"0", 然后按住 Shift 键,按一次→键,将"缩放"调 整为"100.0",如图 4-41 所示。

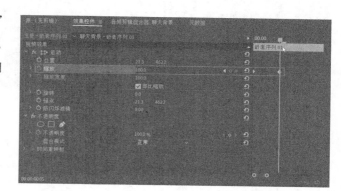

图4-41

06 重复步骤02至步骤05的操作,制作出"绿气泡"素材的文字内容,并将"嵌套序 列02"素材与"嵌套序 列01"素材错开,如图 4-42 所示。

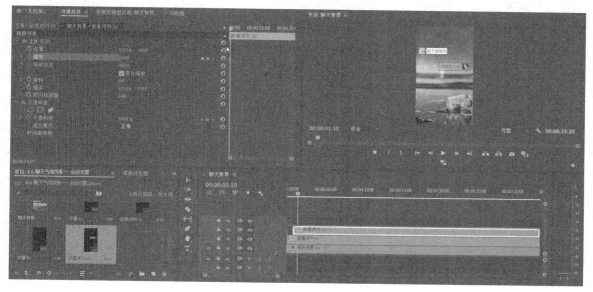

图4-42

07 按照上述操作制作余下对话内容，如图 4-43 所示。

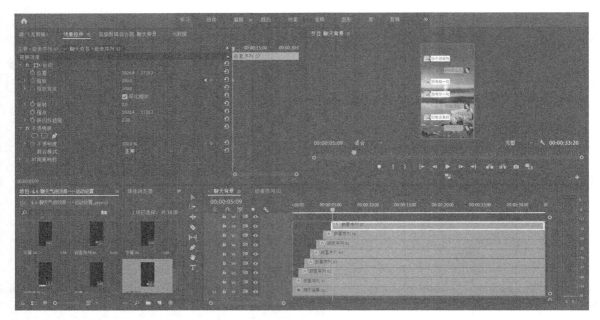

图4-43

08 对话内容全部制作完成后，将所有的嵌套序列素材嵌套，如图 4-44 所示。

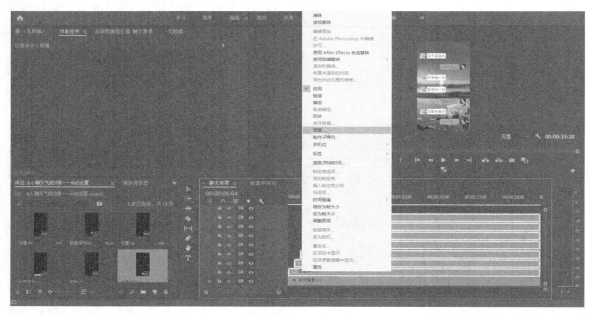

图4-44

09 制作聊天气泡向上移动的效果。移动时间针至第二句话出现前一帧的位置，单击"位置"前的"切换动画"按钮◎，然后按住 Shift 键按一次→键，改变"位置"中代表 y 轴坐标的参数值，使聊天气泡向上移动，数值根据实际需求调整即可。按照上述操作制作第三句话的移动效果，关键帧设置如图 4-45 所示。

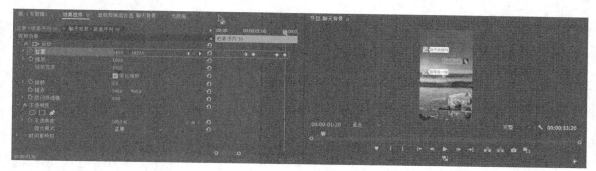

图4-45

10 按照步骤 09 的操作制作其他对话内容的移动效果，如图 4-46 所示。

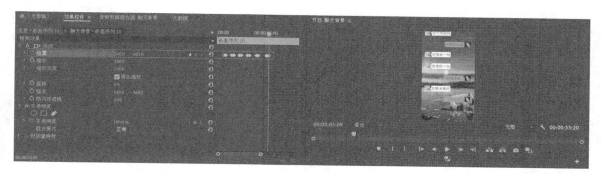

图4-46

11 选中所有关键帧后单击鼠标右键，执行"临时插值">"自动贝塞尔曲线"命令，如图 4-47 所示。

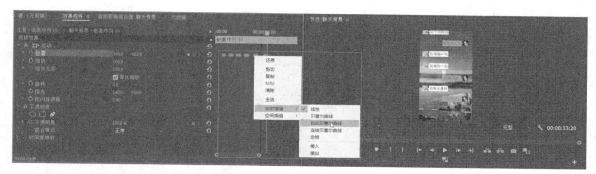

图4-47

12 在每段文字发送出去的位置添加消息提示音，如图 4-48 所示。

13 案例最终效果如图 4-49 所示。

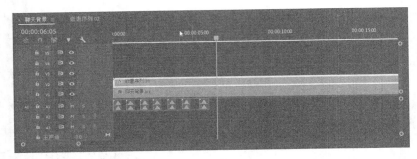

图4-48

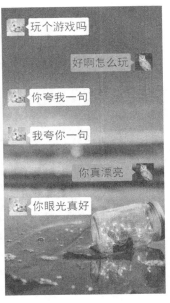

图4-49

4.7 闪光文字效果——闪光灯

闪光文字效果是模拟霓虹灯进行边缘闪烁的一种文字特效，比霓虹灯闪烁效果的边缘更细腻、清晰，适用于城市夜景。

- 要点提示：颜色关键帧
- 在线视频：第 4 章 \4.7 闪光文字效果——闪光灯
- 素材路径：素材 \ 第 4 章 \4.7
- 应用场景：夜景
- 魅力指数：★ ★ ★

01 新建序列，将"编辑模式"设置为"自定义"，"时基"设置为"25.00 帧 / 秒"，"帧大小"的水平值设置为"1920"、垂直值设置为"1080"，"像素长宽比"设置为"方形像素（1.0）"，其他选项保持默认设置，单击"确定"按钮，如图 4-50 所示。

图4-50

02 新建旧版标题，输入文字"闪光灯"。在"旧版标题属性"面板中将"字体系列"设置为"黑体"、"X位置"调整为"960.0"、"Y位置"调整为"570.0"、"字体大小"调整为"250.0"，如图 4-51 所示。

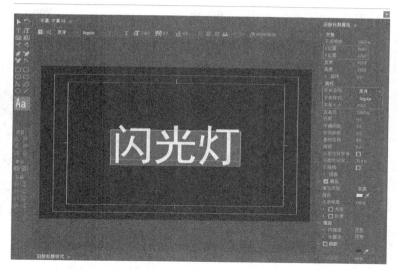

图4-51

03 取消勾选"填充"复选框，单击"外描边"后面的"添加"，将"外描边"的"颜色"改为白色，参数设置如图 4-52 所示。设置完毕后关闭窗口。

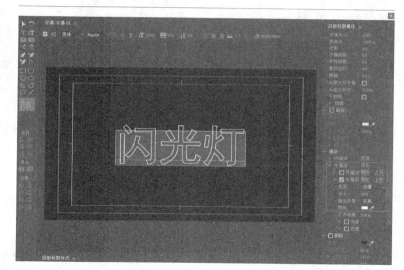

图4-52

04 将"字幕01"素材拖至"时间轴"面板中，打开"效果"面板，选择"视频效果">"风格化">"闪光灯"效果，然后将其拖至"字幕01"素材上，如图 4-53 所示。

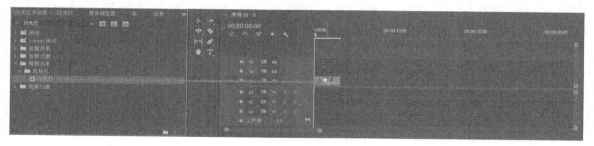

图4-53

05 打开"效果控件"面板，单击"闪光灯"选项下"闪光色"前面的"切换动画"按钮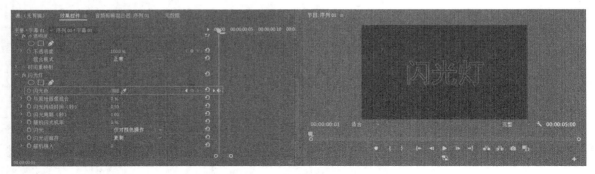，然后按一次→键，更改"闪光色"的颜色，如图 4-54 所示。

图4-54

06 重复步骤 05 的操作，为每一帧都设置不同的颜色，颜色自定义即可，如图 4-55 所示。

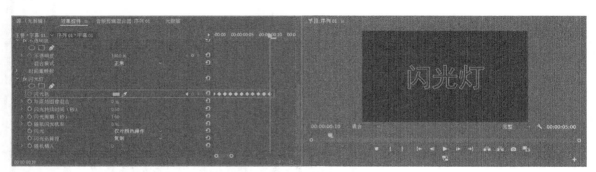

图4-55

07 在步骤 06 的基础上选中所有关键帧，按快捷键 Ctrl+C 复制，然后按快捷键 Ctrl+V 向后粘贴，如图 4-56 所示。

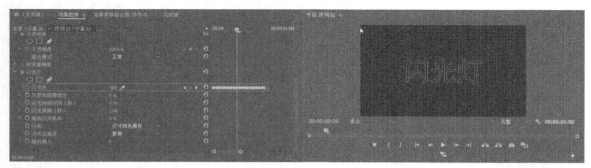

图4-56

08 重复步骤 07 的操作 10 次，将"与原始图像混合"改为"0%"，如图 4-57 所示。

09 导入背景音乐素材并进行相应调整，案例最终效果如图 4-58 所示。

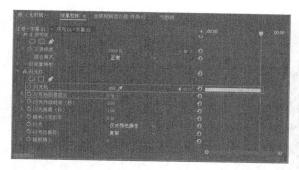

图4-57

图4-58

4.8 视频进度条计时器效果——时间码

进度条是一种常见的计时方法，常用于视频、音乐的计时。

- 要点提示："时间码"效果
- 素材路径：素材 \ 第 4 章 \4.8
- 在线视频：第 4 章 \4.8 视频进度条计时器效果——时间码
- 应用场景：视频进度条
- 魅力指数：★ ★ ★ ★

01 将"猩猩"素材和音乐素材导入素材箱，然后新建序列，将"编辑模式"设置为"自定义"，"时基"设置为"25.00 帧 / 秒"，"帧大小"的水平值设置为"1920"、垂直值设置为"1080"，"像素长宽比"设置为"方形像素（1.0）"，其他选项保持默认设置，单击"确定"，如图 4-59 所示。

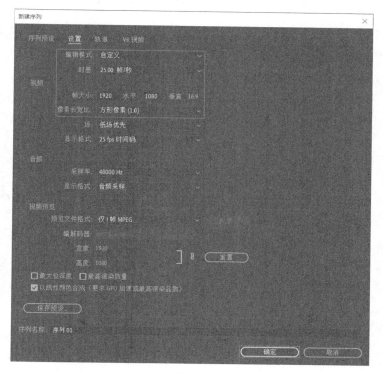

图4-59

02 执行"新建项">"颜色遮罩"命令，设置颜色为蓝色。将"颜色遮罩"素材拖至 V1 轨道中并延长至 30 秒，如图 4-60 所示。

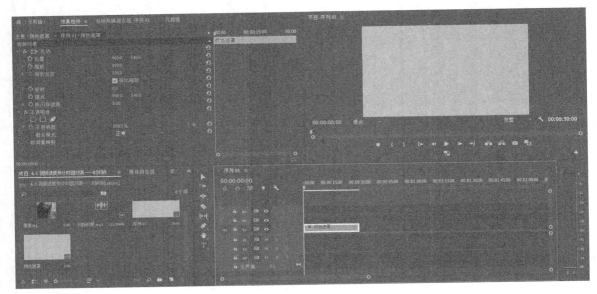

图4-60

03 将"猩猩"素材拖至 V2 轨道中，打开"效果控件"面板，将"运动"选项下的"位置"调整为"960.0,390.0"、"缩放"调整为"32.0"，然后将"猩猩"素材延长至 30 秒，如图 4-61 所示。

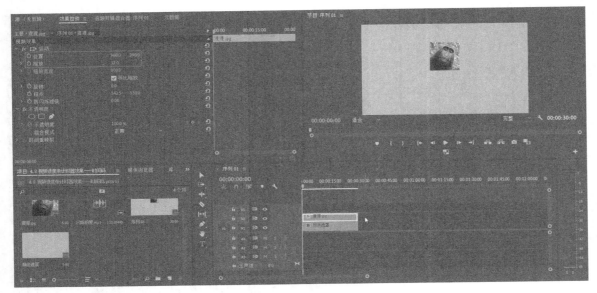

图4-61

04 单击"文字工具"按钮 T，输入文字内容"星星 FM"。在"效果控件"面板中将字体设置为"SimHei"、字体大小调整为"130"、字距调整为"100"、"位置"调整为"730.0,700.0"，如图 4-62 所示。将字幕素材延长至 30 秒。

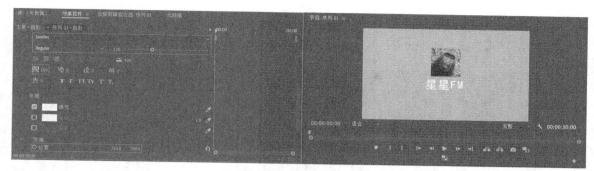

图4-62

05 新建"颜色遮罩"素材，设置颜色为白色，然后将其拖至"时间轴"面板中。在"效果控件"面板中将"位置"设置为"960.0,900.0"，取消勾选"等比缩放"复选框，将"缩放高度"设置为"1.5"、"缩放宽度"设置为"80.0"，如图 4-63 所示。将"颜色遮罩"素材延长至 30 秒。

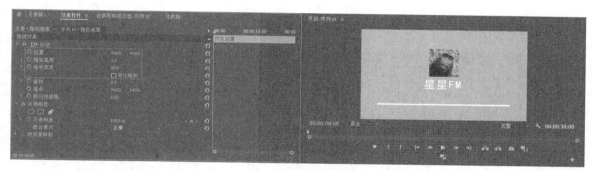

图4-63

06 新建旧版标题，单击"椭圆工具"按钮，在视频中画一个小椭圆形，将其"颜色"调整为白色，如图 4-64 所示。关闭窗口，将该素材拖至 V5 轨道中并延长至 30 秒。

图4-64

07 选中"字幕 01"素材，在"效果控件"面板中设置位置关键帧。将小椭圆形移至白线的最前端，单击"位置"前的"切换动画"按钮 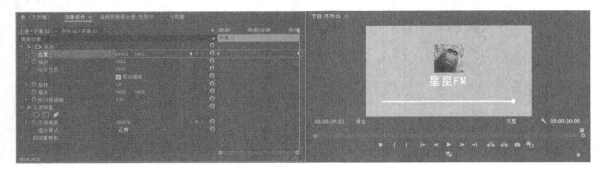，将时间针移至 30 秒的位置，然后将小椭圆形移至白线的末端，如图 4-65 所示。

图4-65

08 单击素材箱右下角的"新建项"按钮 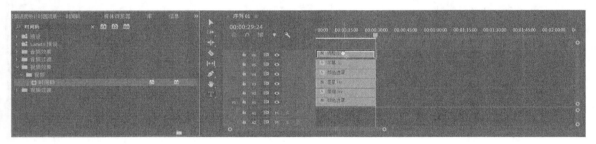，选择"调整图层"选项，将"调整图层"素材拖至 V6 轨道中并将其延长至 30 秒。打开"效果"面板，选择"视频效果">"视频">"时间码"效果，然后将其拖至"调整图层"素材上，如图 4-66 所示。

图4-66

09 选中"调整图层"素材，在"效果控件"面板中将"时间码"选项下的"位置"设置为"1590.0,800.0"、"不透明度"设置为"0.0%"，取消勾选"场符号"复选框，将"时间码源"设置为"生成"，如图 4-67 所示。

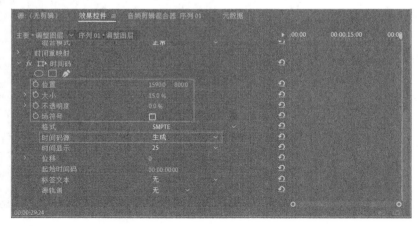

图4-67

10 选中"调整图层"素材，在"效果控件"面板中单击"时间码"选项下的"创建 4 点多边形蒙版"按钮□。
在视频画面中框选分与秒的部分，并将"蒙版羽化"调整为"0.0"，如图 4-68 所示。

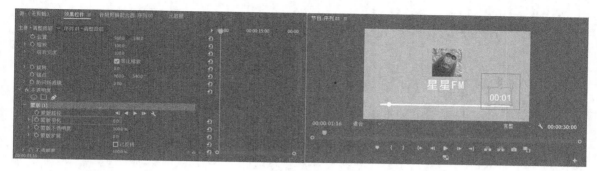

图4-68

11 添加音乐素材并进行相应调整，案例最终效果如图 4-69 所示。

图4-69

4.9 模糊字幕效果——高斯模糊

模糊字幕效果是一种比较柔和的字幕表现形式，常用于抒情 MV 或者情感类视频。

- 要点提示："高斯模糊"效果
- 素材路径：素材 \ 第 4 章 \4.9
- 在线视频：第 4 章 \4.9 模糊字幕效果——高斯模糊
- 应用场景：MV 字幕
- 魅力指数：★★★

01 将"情侣"素材和音乐素材导入素材箱，然后将"情侣"素材拖至"时间轴"面板中，如图 4-70 所示。

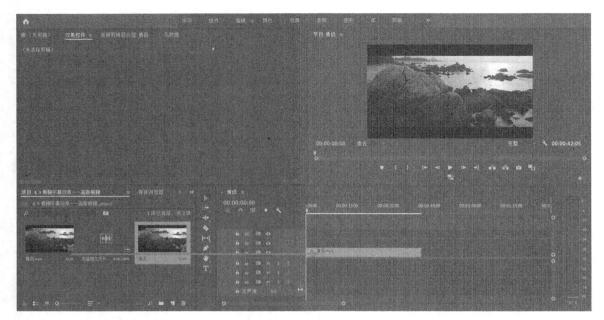

图4-70

02 新建旧版标题，然后单击"垂直文字工具"按钮T，输入英文"Should auld"。在"旧版标题属性"面板中将"字体系列"设置为"黑体"、"字体大小"调整为"29.0"、"X 位置"调整为"1100.0"、"Y 位置"调整为"305.0"、"颜色"设置为浅橘色，如图 4-71 所示。设置完成后关闭窗口。

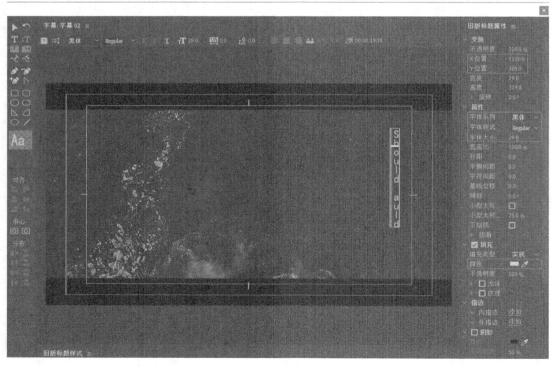

图4-71

03 将"字幕01"素材拖至 V2 轨道中，如图 4-72 所示。

图4-72

04 打开"效果"面板，选择"视频效果" > "模糊与锐化" > "高斯模糊"效果，然后将其拖至"字幕01"素材上，如图 4-73 所示。

图4-73

05 在"效果控件"面板中，先将时间针拖至"字幕01"素材的开始位置，单击"高斯模糊"选项下的"模糊度"前面的"切换动画"按钮，将"模糊度"调整为"32.0"，然后移动时间针至 14 帧处，将"模糊度"调整为"0.0"，接着将时间针移至 1 秒 05 帧处，单击"模糊度"后面的"添加 / 移除关键帧"按钮，最后将时间针移至 1 秒 23 帧处，将"模糊度"改为"50.0"，如图 4-74 所示。

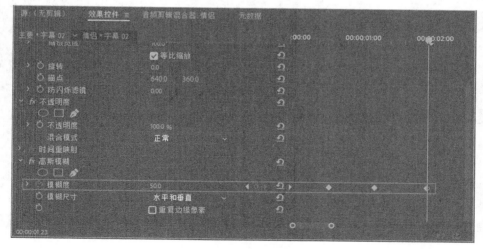

图4-74

06 在"效果控件"面板中，将时间针移至 1 秒 05 帧处，单击"不透明度"选项下的"不透明度"前面的"切换动画"按钮，然后将时间针移至 1 秒 23 帧处，将"不透明度"改为"100.0%"，如图 4-75 所示。

07 将音乐素材拖至"时间轴"面板中并进行相应调整，案例最终效果如图 4-76 所示。

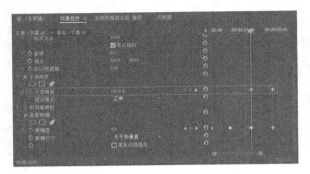

图4-75

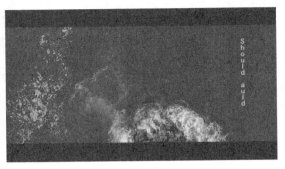

图4-76

4.10 电影片头字幕效果——综合应用

本节通过综合案例讲解如何结合字幕制作一个电影片头字幕效果。

- 要点提示：蒙版路径
- 素材路径：素材 \ 第 4 章 \4.10
- 在线视频：第 4 章 \4.10 电影片头字幕效果——综合应用
- 应用场景：电影风格开场
- 魅力指数：★★★★

01 将"海峡"素材和音乐素材导入素材箱，然后将"海峡"素材拖至"时间轴"面板中，如图 4-77 所示。

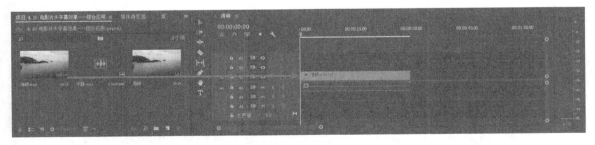

图4-77

02 新建旧版标题，然后单击"文字工具"按钮，输入英文"DARK STRAIT"。在"旧版标题属性"面板中将"字体系列"设置为"黑体"、"字体大小"调整为"115.0"、"X 位置"调整为"970.0"、"Y 位置"调整为"520.0"、"字符间距"调整为"20.0"、"颜色"设置为白色，如图 4-78 所示。设置完成后关闭窗口。

图4-78

03 将"字幕01"素材拖至"时间轴"面板中，在"效果控件"面板中单击"不透明度"选项下的"创建 4 点多边形蒙版"按钮▣，调整蒙版位置，效果如图 4-79 所示。

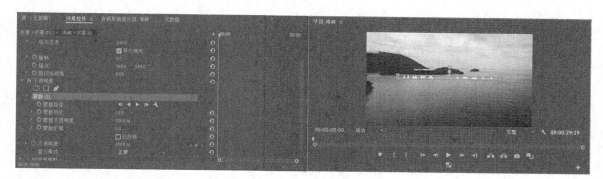

图4-79

04 打开"效果控件"面板，将时间针拖至"字幕01"素材的开始位置，单击"蒙版扩展"前面的"切换动画"按钮▣，将"蒙版扩展"调整为"-32.0"，然后移动时间针至 3 秒处，将"蒙版扩展"调整为"65.0"，如图 4-80 所示。

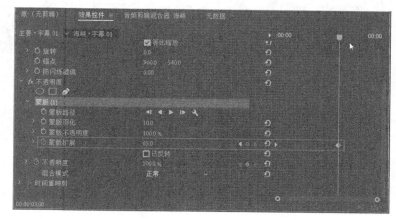

图4-80

05 新建旧版标题，单击"矩形工具"按钮▣，画一个矩形将文字内容包含在内，将"不透明度"调整为"0%"，单击"内描边"后面的"添加"，将"大小"调整为"6.0"，将"颜色"设置为白色，如图 4-81 所示。设置完成后关闭窗口。

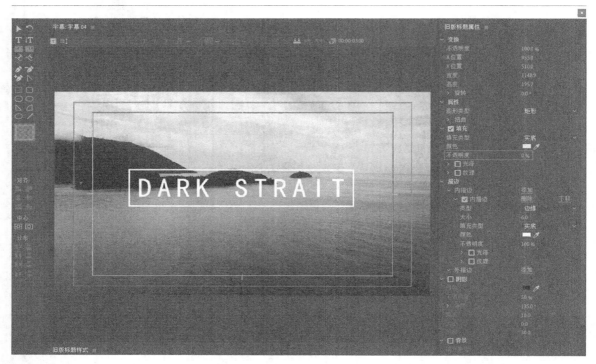

图4-81

06 将矩形素材拖至 V3 轨道中，如图 4-82 所示。

图4-82

07 打开"效果"面板，选择"视频效果">"扭曲">"变换"效果，然后将其拖至矩形素材上。选中矩形素材，打开"效果控件"面板，取消勾选"等比缩放"复选框，将时间针拖至矩形素材的开始位置，单击"变换"选项下的"缩放高度"前面的"切换动画"按钮▣，将"缩放高度"设置为"40.0"，然后将时间针移至 2 秒 20 帧处，将"缩放高度"设置为"120.0"，如图 4-83 所示。

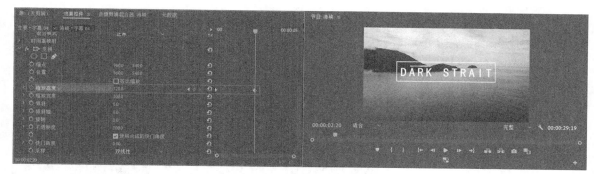

图4-83

08 选中"时间轴"面板中的所有素材，单击鼠标右键，执行"嵌套"命令，如图 4-84 所示。

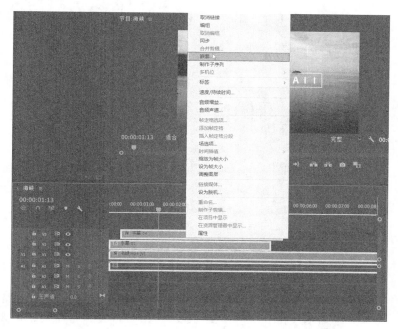

图4-84

09 选中嵌套素材，将时间针移至该素材的开始位置。在"效果控件"面板中单击"不透明度"前面的"切换动画"按钮，将"不透明度"设置为"0.0%"，然后将时间针移至 1 秒 10 帧的位置，将"不透明度"设置为"100.0%"，如图 4-85 所示。

图4-85

10 添加音乐素材并进行相应调整，案例最终效果如图4-86所示。

图4-86

课后习题：制作电影风格开场

使用 4.1 节介绍的书写文字效果，结合 1.8 节中的关键帧知识制作电影风格开场。

- 操作提示：黑场视频的运动　　　　● 强化技能：关键帧　　　　● 难度指数：★ ★ ★
- 素材路径：素材＼第 4 章＼课后习题

电影风格开场的最终效果如图 4-87 所示。

图4-87

第**3**篇

转场效果实战篇

第**5**章

经典类转场

本章将对转场效果进行讲解。在剪辑中，一个完整的视频通常由多段素材拼接而成，两段素材之间的转换就叫作转场。转场的方式分为两种，分别是技巧性转场和无技巧转场。技巧性转场就是在两段素材之间添加某种转场效果，使两段素材的过渡更具创意。无技巧转场指用镜头自然过渡来连接前后两个镜头的内容，主要用于蒙太奇镜头之间的转换，在使用无技巧转场时需要合理地运用转换条件。本章将主要讲解经典的技巧性转场的用法。

5.1 递进形式的穿梭转场——交叉缩放

穿梭转场具有空间过渡的作用，使多个镜头递进式切换，整体的逻辑感较强。

- 要点提示："交叉缩放""残影"效果
- 在线视频：第 5 章 \5.1 递进形式的穿梭转场——交叉缩放
- 素材路径：素材 \ 第 5 章 \5.1
- 应用场景：递进式切换场景
- 魅力指数：★★★

01 将"车流""城市""云层"素材和音乐素材导入素材箱，然后将"车流""城市""云层"素材分别拖至 V1、V2、V3 轨道中，并使各素材之间有一部分重叠，如图 5-1 所示。

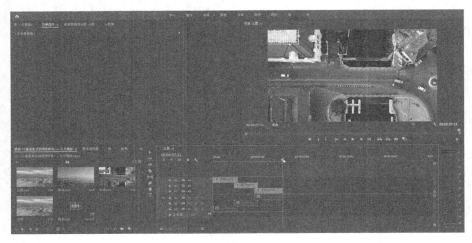

图5-1

02 分别给"云层"和"城市"素材添加"视频过渡" > "缩放" > "交叉缩放"效果，并通过拖动调整"交叉缩放"效果的时长，如图 5-2 所示。

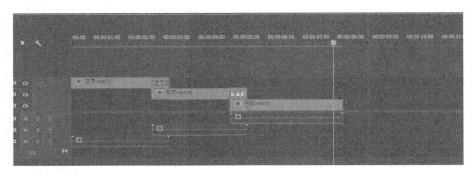

图5-2

知识拓展

- 在"效果"面板的搜索框中直接输入想添加的效果的名称，即可快速查找到对应效果。

03 选中"云层"素材，打开"效果控件"面板，将时间针拖至"交叉缩放"效果的开始位置，单击"不透明度"前面的"切换动画"按钮，然后把时间针拖至"交叉缩放"效果的结束位置，将"不透明度"调整为"0.0%"，如图 5-3 所示。

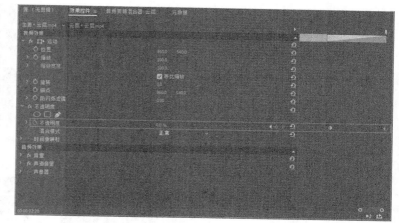

图5-3

04 按照步骤 03 的方法对"城市"素材做同样的操作，如图 5-4 所示。

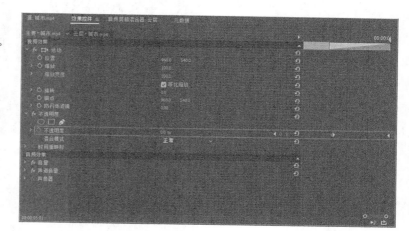

图5-4

05 单击"新建项"按钮，选择"调整图层"选项，新建一个调整图层，如图 5-5 所示。

图5-5

06 将调整图层分别拖至 V4 和 V3 轨道中，调整其长度与"交叉缩放"效果的长度相同，如图 5-6 所示。

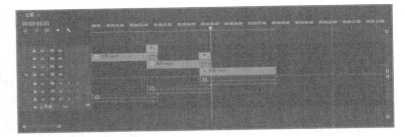

图5-6

07 给两段调整图层素材分别添加"视频效果">"时间">"残影"效果。选中调整图层素材，然后打开"效果控件"面板，将"残影"选项下的"残影运算符"设置为"从前至后组合"，如图 5-7 所示。

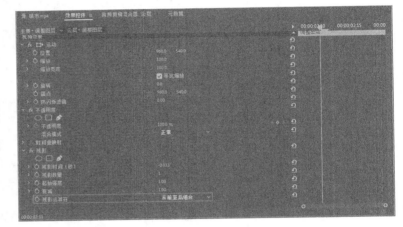

图5-7

08 添加音乐素材并将其调至合适位置，在转场位置添加转场音效，案例最终效果如图 5-8 所示。

相关内容

转场效果的添加和使用方法，详见"1.5 视频转场的用法"，本章不再赘述。

图5-8

5.2 炫酷巧妙的渐变转场——渐变擦除

制作渐变转场时主要以画面的明暗程度作为渐变的依据，可以对亮部和暗部进行双向调节。

● 要点提示："渐变擦除"效果　　● 在线视频：第 5 章 \5.2 炫酷巧妙的渐变转场——渐变擦除
● 素材路径：素材 \ 第 5 章 \5.2　　● 应用场景：自然风景　　　　　　　　　　　● 魅力指数：★ ★ ★ ★

01 将"隧道""火""夕阳""孤独""轮船"素材和音乐素材导入素材箱，然后将除音乐素材外的素材依次拖至 V1、V2、V3、V4、V5 轨道中，然后适当调整素材长度，并使各素材之间的一部分重叠，如图 5-9 所示。

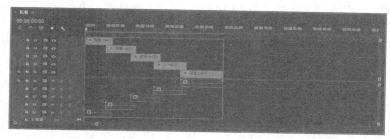

图5-9

02 单击"剃刀工具"按钮 ✎，将前 4 段素材尾部与其他素材重合的部分截断，如图 5-10 所示。

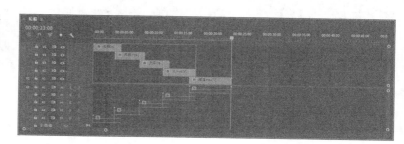

图5-10

03 分别给 4 段素材截断的部分添加"视频过渡"＞"过渡"＞"渐变擦除"效果，如图 5-11 所示。

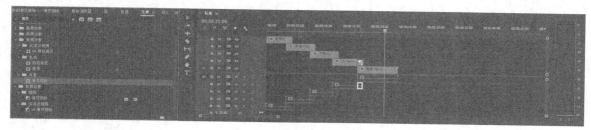

图5-11

04 选中第一段视频的截断部分，打开"效果控件"面板，将时间针拖至最前端，单击"渐变擦除"选项下"过渡完成"前面的"切换动画"按钮 ◙，然后将时间针拖至末端，将"过渡完成"调整为"100%"，将"过渡柔和度"调整为"10%"，如图 5-12 所示。

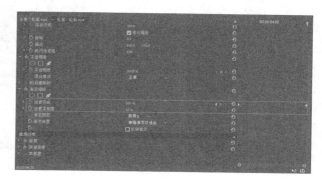

图5-12

05 按照步骤 04 的方法依次给其他素材的截断部分设置"渐变擦除"效果的参数,完成后如图 5-13 所示。

图5-13

06 添加音乐素材并将其调至合适位置,案例最终效果如图 5-14 所示。

图5-14

知识拓展

● 设置好第 1 个"渐变擦除"效果的参数后,后面的 3 个"渐变擦除"效果可以直接复制第 1 个的参数。

5.3 电影风格的回忆转场——湍流置换

在影视作品中，回忆转场是常用的剧情过渡技巧，具有说明、补充故事情节的作用。

- 要点提示："湍流置换""交叉溶解"效果
- 素材路径：素材 \ 第 5 章 \5.3
- 在线视频：第 5 章 \5.3 电影风格的回忆转场——湍流置换
- 应用场景：回忆场景
- 魅力指数：★★★★

01 将"遥望""幸福"素材和音乐素材导入素材箱，然后将前两段素材拖至"时间轴"面板中，如图 5-15 所示。

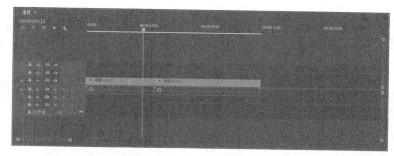

图5-15

02 选择视频过渡">"溶解">"交叉溶解"效果，将其添加到两段素材之间，如图 5-16 所示。

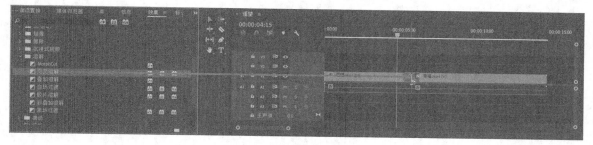

图5-16

03 新建一个调整图层，将其拖至 V2 轨道中，并将其长度调整至与"交叉溶解"效果相同，如图 5-17 所示。

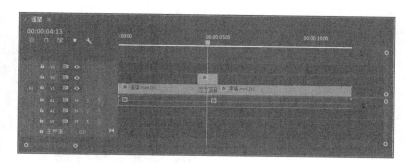

图5-17

04 选择"视频效果">"颜色校正">"Lumetri 颜色"效果，将其添加到调整图层素材上，如图 5-18 所示。

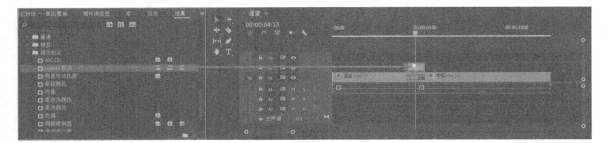

图5-18

05 选中调整图层素材，打开"效果控件"面板，移动时间针至两段视频素材的中间位置，单击"Lumetri 颜色" > "基本校正" > "色调" > "曝光"前面的"切换动画"按钮，将"曝光"调整为"3.0"，如图 5-19 所示。

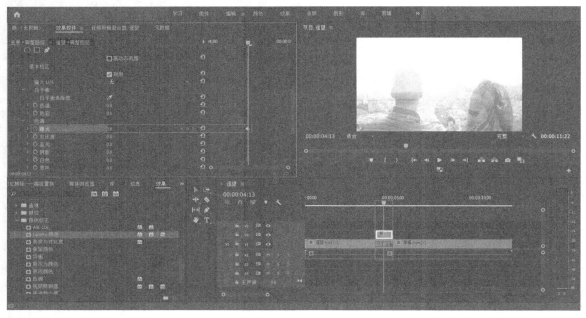

图5-19

06 分别将时间针移至调整图层素材两端的位置，将"曝光"均调整为"0.0"，如图 5-20 所示。

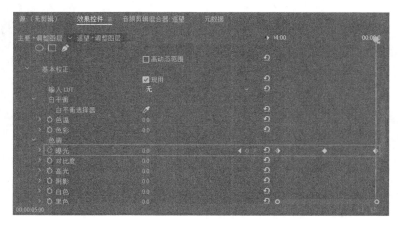

图5-20

07 选中调整图层素材，在按住 Alt 键的同时将其拖至 V3 轨道中复制一份，如图 5-21 所示。

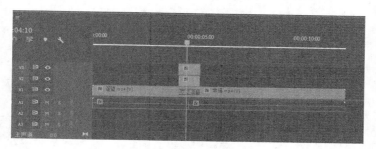

图5-21

08 选择"视频效果">"扭曲">"湍流置换"效果，将其添加到 V3 轨道中的调整图层素材上，如图 5-22 所示。

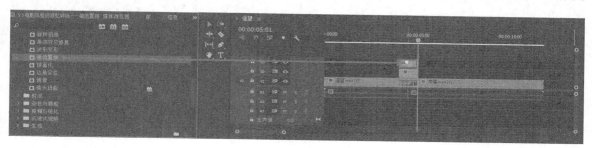

图5-22

09 选中 V3 轨道中的调整图层素材，打开"效果控件"面板，将"湍流置换"选项下的"置换"调整为"扭转较平滑"，移动时间针至两段视频素材的中间位置，单击"数量"前面的"切换动画"按钮 ，将其调整为"25.0"，然后按←键将时间针向前移动 10 帧，将"数量"调整为"0.0"，如图 5-23 所示。

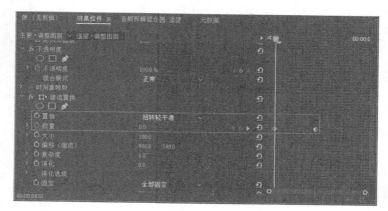

图5-23

10 将时间针移至两段视频素材的中间位置，然后按→键将时间针向后移动 10 帧，将"数量"调整为"0.0"，如图 5-24 所示。

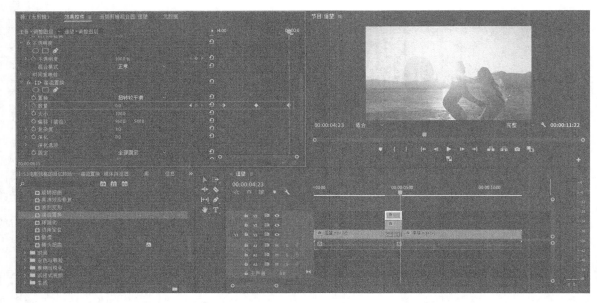

图5-24

11 添加音乐素材并将其调整
至合适位置，添加转场音效，
案例最终效果如图5-25所示。

知识拓展
- 由于"湍流置换"效果的运算
  量较大，直接预览可能会出现
  卡顿现象，因此可以渲染后再
  预览。

图5-25

5.4 人物与背景分离转场——亮度键

"亮度键"效果的作用是分离画面中的亮部和暗部，通过较大的亮度反差实现主体与背景的分离。

- 要点提示："亮度键"效果
- 素材路径：素材 \ 第 5 章 \5.4
- 在线视频：第 5 章 \5.4 人物与背景分离转场——亮度键
- 应用场景：亮度差较大的场景
- 魅力指数：★ ★ ★

01 将"思考""沙滩"素材和音乐素材导入素材箱，然后将前两段素材拖至"时间轴"面板中，如图5-26所示。

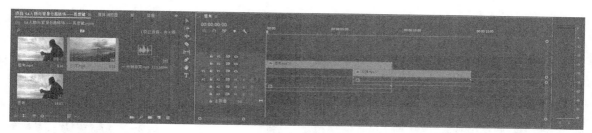

图5-26

02 将"思考"素材中与"沙滩"素材的重叠部分截断，然后给该部分素材添加"视频效果">"键控">"亮度键"效果，如图5-27所示。

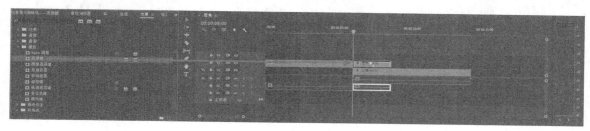

图5-27

03 选中截取部分，打开"效果控件"面板，将"亮度键"选项下的"阈值"调整为"0.0%"，如图5-28所示。

图5-28

04 将时间针移至截取部分的开始位置，分别单击"亮度键"选项下的"阈值"和"屏蔽度"前面的"切换动画"按钮 ⓞ，如图 5-29 所示。

图5-29

05 将时间针移至截取部分的三分之二的位置，将"亮度键"选项下的"阈值"调整为"46.0%"、"屏蔽度"调整为"60.0%"，如图 5-30 所示。

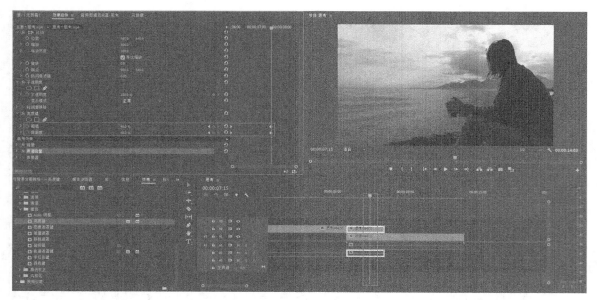

图5-30

06 将时间针移至截取部分最后 10 帧的范围内，将"不透明度"从"100.0%"调整至"0.0%"，如图 5-31 所示。

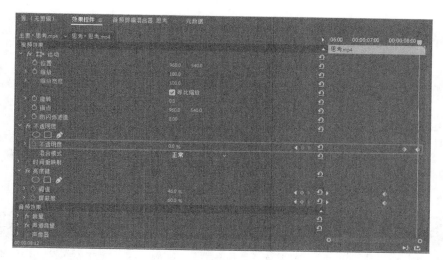

图5-31

07 为了使过渡效果更加自然，选中所有关键帧，单击鼠标右键，然后执行"自动贝塞尔曲线"命令，如图 5-32 所示。

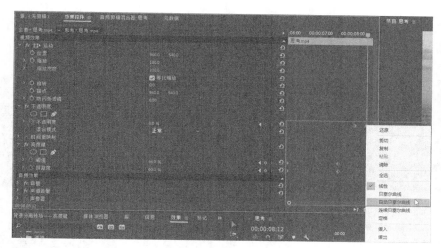

图5-32

08 添加音乐素材，并将其调整至合适位置，案例最终效果如图 5-33 所示。

知识拓展
- 由于每段视频素材的亮度反差不同，因此"阈值"和"屏蔽度"的数值需要根据实际情况进行调整。

图5-33

5.5 神秘的溶解转场——差值遮罩

溶解转场主要通过"差值遮罩"效果的"容差"参数的改变来使两段视频进行较好的融合过渡。

- 要点提示："差值遮罩"效果
- 素材路径：素材 \ 第 5 章 \5.5
- 在线视频：第 5 章 \5.5 神秘的溶解转场——差值遮罩
- 应用场景：画面相似的场景
- 魅力指数：★ ★ ★ ★

01 将"街道""建筑塔"素材和音乐素材导入素材箱，然后将前两段素材拖至"时间轴"面板中，如图 5-34 所示。

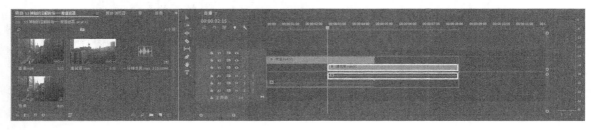

图5-34

02 将"视频效果" > "键控" > "差值遮罩"效果添加至"街道"素材上，如图 5-35 所示。

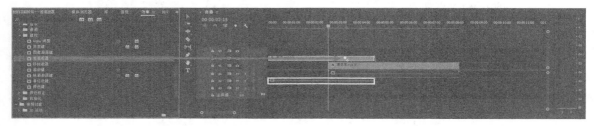

图5-35

03 选中"街道"素材，打开"效果控件"面板，将"差值遮罩"选项下的"差值图层"调整为"视频1"、"匹配容差"调整为"0.0%"、"匹配柔和度"调整为"0.0%"，如图5-36所示。

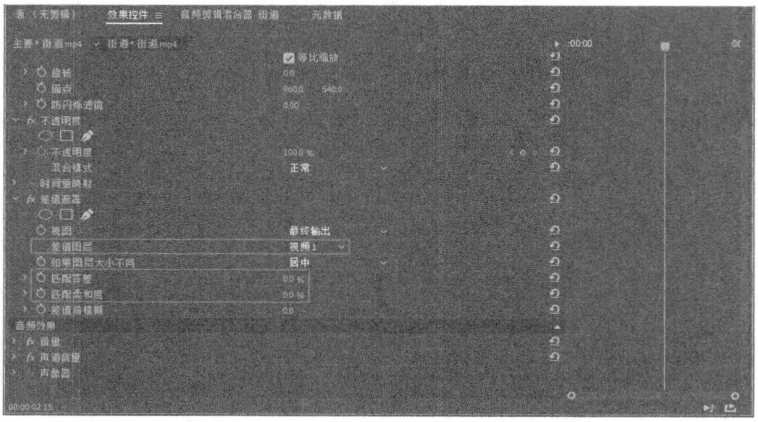

图5-36

04 将时间针移至"建筑塔"素材的开始位置，选中"街道"素材。在"效果控件"面板中单击"匹配容差"前面的"切换动画"按钮，如图 5-37 所示。

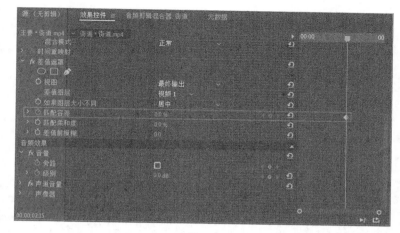

图5-37

05 将时间针移至"街道"素材的结束位置，然后将"差值遮罩"选项下的"匹配容差"调整为"100.0%"，如图 5-38 所示。

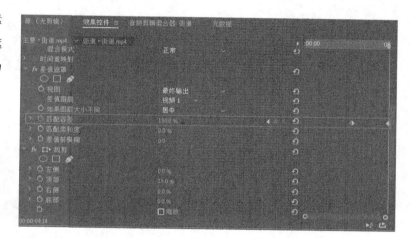

图5-38

06 添加音乐素材并将其调整至合适位置，案例最终效果如图 5-39 所示。

图5-39

5.6 具有动感的偏移转场——偏移

让两幅画面在同一方向上快速移动的镜头切换方式叫作偏移转场。

- 要点提示："偏移""方向模糊"效果
- 素材路径：素材 \ 第 5 章 \5.6
- 在线视频：第 5 章 \5.6 具有动感的偏移转场——偏移
- 应用场景：镜头切换
- 魅力指数：★★★★

01 将"骰子""招财猫"素材和音乐素材导入素材箱，然后将前两段素材拖至"时间轴"面板中，如图 5-40 所示。

图5-40

02 新建一个调整图层，然后将其拖至 V2 轨道中，使其横跨两段视频素材，如图 5-41 所示。

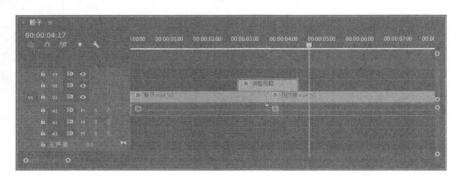

图5-41

03 添加"视频效果" > "扭曲" > "偏移"效果至"调整图层"素材上，如图 5-42 所示。

图5-42

04 选中"调整图层"素材，打开"效果控件"面板，移动时间针至"调整图层"素材中靠前的位置，然后单击"偏移"选项下"将中心移位至"前面的"切换动画"按钮 ，如图 5-43 所示。

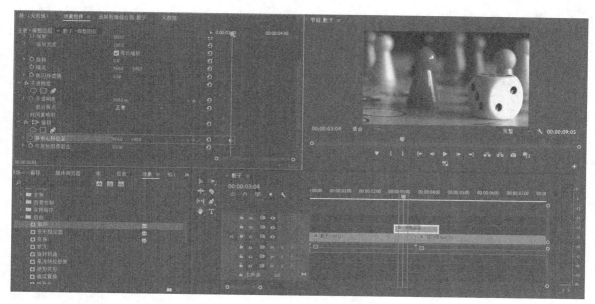

图5-43

05 移动时间针至"调整图层"素材中靠后的位置，将"偏移"选项下的"将中心移位至"中代表 x 轴坐标的参数值调整为原来的 5 倍，也就是"4800.0"，如图 5-44 所示。

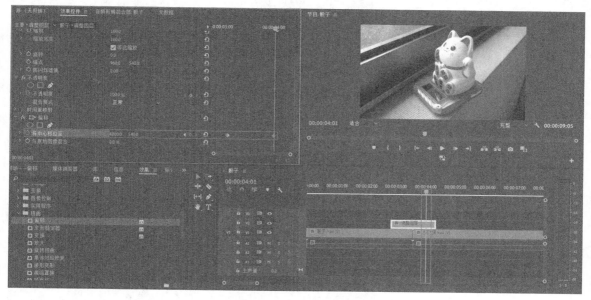

图5-44

06 保持时间针位置不变，将"偏移"选项下的"将中心移位至"中代表 y 轴坐标的参数值调整为原来的 3 倍，也就是"1620.0"，如图 5-45 所示。

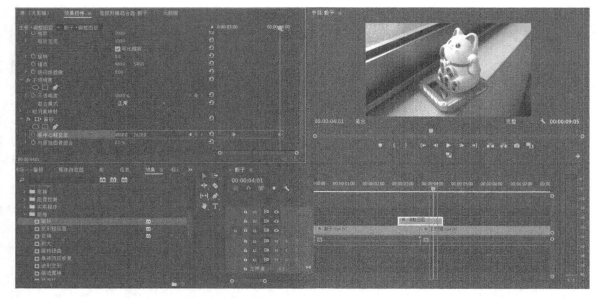

图5-45

07 完成上述操作后，"效果控件"
面板中出现一左一右两个关键帧。
选中第一个关键帧，单击鼠标右键，
执行"临时差值" > "缓出"命令，
然后展开"将中心移位至"选项，
效果如图 5-46 所示。

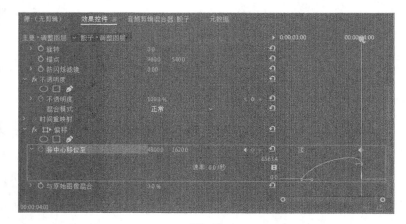

图5-46

08 选中第二个关键帧，单击鼠标
右键，执行选择"临时差值" > "缓
入"命令，效果如图 5-47 所示。

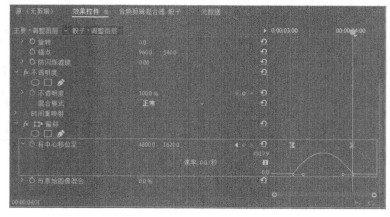

图5-47

09 将时间针移至两段视频素材之间，然后拖动缓入和缓出的小摇杆，使曲线呈山峰形状，如图5-48所示。

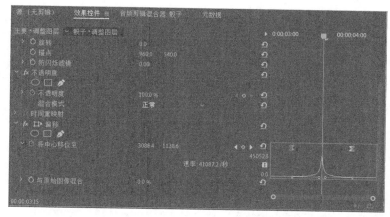

图5-48

10 给"调整图层"素材添加"视频效果">"模糊与锐化">"方向模糊"效果。打开"效果控件"面板，将"方向模糊"选项下的"方向"调整为"-60.0°"，然后单击"模糊长度"前面的"切换动画"按钮，将其调整为"40.0"，接着将时间针分别移至"调整图层"素材的两端，将"模糊长度"都调整为"0.0"，如图5-49所示。

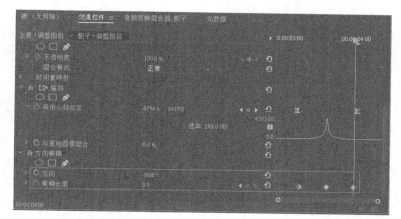

图5-49

11 添加音乐素材和转场音效并将其调整至合适位置，案例最终效果如图5-50所示。

图5-50

5.7 方向模糊转场——方向模糊

使用方向模糊转场时，对视频内容有主体形状相似、运动轨迹一致、拍摄角度相同等要求。

- 要点提示："方向模糊""交叉溶解"效果
- 素材路径：素材 \ 第 5 章 \5.7
- 在线视频：第 5 章 \5.7 方向模糊转场——方向模糊
- 应用场景：运动镜头转场
- 魅力指数：★★★

01 将"旅途""田野"素材和音乐素材导入素材箱，然后将前两段素材拖至"时间轴"面板中，如图 5-51 所示。

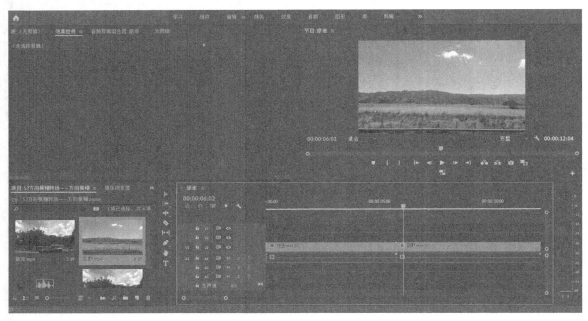

图5-51

02 打开"效果"面板，选择"视频过渡" > "缩放" > "交叉缩放"效果，将其添加到两段素材之间，如图 5-52 所示。

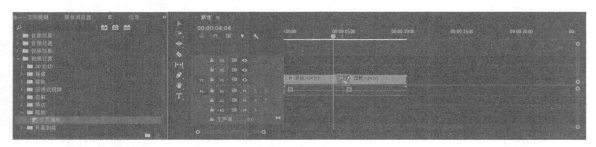

图5-52

03 新建一个调整图层，然后将其拖至 V2 轨道中，使其横跨两段视频素材，如图 5-53 所示。

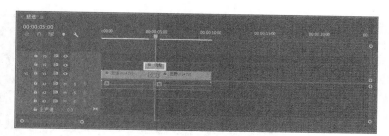

图5-53

04 添加"视频效果" > "模糊与锐化" > "方向模糊"效果至"调整图层"素材上，如图 5-54 所示。

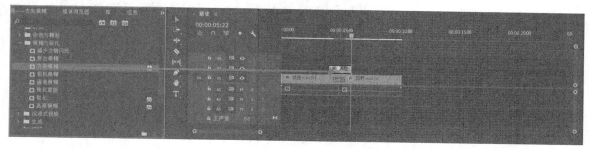

图5-54

05 选中"调整图层"素材，打开"效果控件"面板，将时间针移至两段视频素材的中间位置，单击"方向模糊"选项下"模糊长度"前面的"切换动画"按钮 ，并将"模糊长度"调整为"60.0"，如图 5-55 所示。

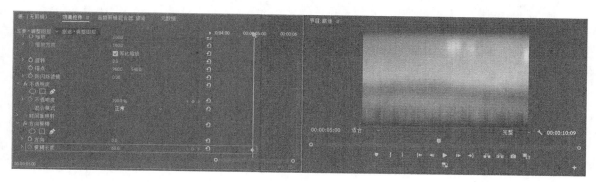

图5-55

06 分别移动时间针至"调整图层"素材的两端，并将"模糊长度"都调整为"0.0"，如图 5-56 所示。

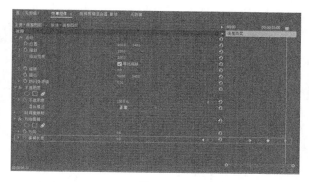

图5-56

07 将"方向模糊"选项下的"方向"
调整为"90.0°",如图 5-57 所示。

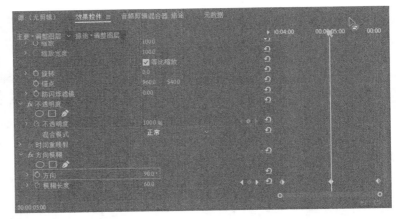

图5-57

08 添加音乐素材并将其调整至合适位置,案例最终效果如图 5-58 所示。

图5-58

5.8 画面分割转场——裁剪

将一个镜头从任意位置分割并划出画面外,然后出现下一个镜头的转场方式叫作画面分割转场。

- 要点提示:"裁剪"效果
- 素材路径:素材 \ 第 5 章 \5.8
- 在线视频:第 5 章 \5.8 画面分割转场——裁剪
- 应用场景:镜头切换
- 魅力指数:★ ★ ★ ★

01 将"火（一）""火（二）"素材和音乐素材导入素材箱，然后将前两段素材拖至"时间轴"面板中，如图5-59所示。

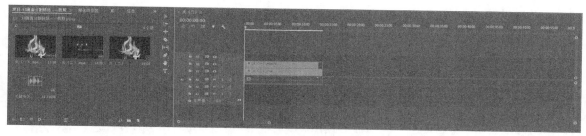

图5-59

02 选中"火（一）"素材，按住Alt键并向上拖动"火（一）"素材至V3轨道中，即可复制该素材，如图5-60所示。

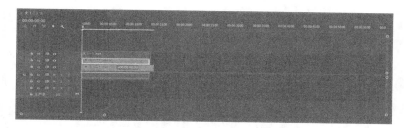

图5-60

03 单击 V3 轨道的"切换轨道输出"按钮 ⊙ ，给 V2 轨道中的素材添加"视频效果"＞"变换"＞"裁剪"效果，如图5-61所示。

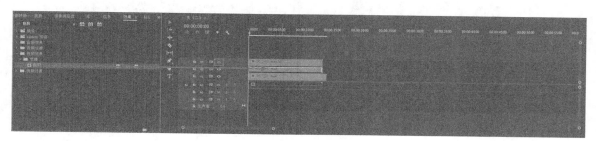

图5-61

04 选中 V2 轨道中的素材，将时间针移至5秒20帧的位置。打开"效果控件"面板，单击"裁剪"选项下"左侧"前面的"切换动画"按钮 ⊙ ，然后将时间针移至6秒15帧的位置，将"左侧"调整为"100.0%"，最后将"顶部"调整为"50.0%"，如图5-62所示。

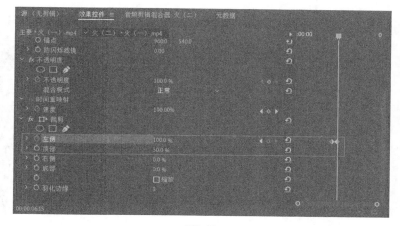

图5-62

05 单击 V2 轨道的 "切换轨道输出" 按钮，以及 V3 轨道的 "切换轨道输出" 按钮，给 V3 轨道中的素材添加 "视频效果" > "变换" > "裁剪" 效果，如图 5-63 所示。

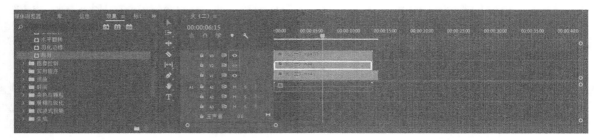

图5-63

06 选中 V3 轨道中的 "火（一）" 素材，将时间针移至 5 秒 20 帧的位置。打开 "效果控件" 面板，单击 "裁剪" 选项下 "右侧" 前面的 "切换动画" 按钮，然后将时间针移至 6 秒 15 帧的位置，将 "右侧" 调整为 "100.0%"，最后将 "底部" 参数为 "50.0%"，如图 5-64 所示。

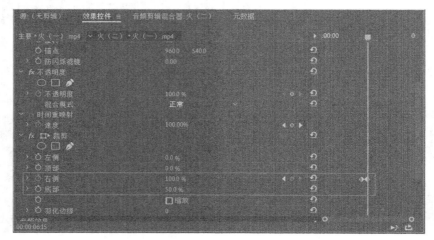

图5-64

07 单击 V2 轨道的 "切换轨道输出" 按钮。适当调整 V2、V3 轨道中素材的位置，如图 5-65 所示。

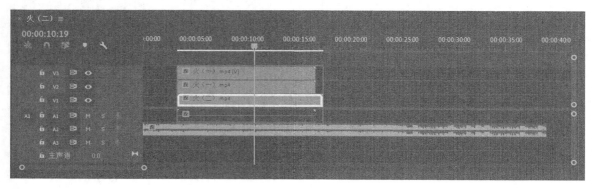

图5-65

08 添加音乐素材并将其调整至合适位置，案例最终效果如图 5-66 所示。

图5-66

5.9 信号干扰失真转场——混合模式

信号干扰失真转场的制作原理是添加带有干扰元素的视频素材，通过调整视频之间的混合模式来完成镜头切换。

- ● 要点提示：混合模式
- ● 素材路径：素材 \ 第 5 章 \5.9
- ● 在线视频：第 5 章 \5.9 信号干扰失真转场——混合模式
- ● 应用场景：具有复古风格的画面
- ● 魅力指数：★★★

01 将"遛狗""追逐""信号干扰"素材和音乐素材导入素材箱，然后将前两段素材拖至"时间轴"面板中，如图 5-67 所示。

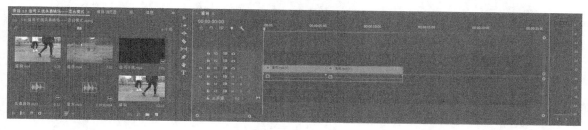

图5-67

02 将"信号干扰"素材拖至 V2 轨道中，使其横跨 V1 轨道中的两段视频素材，如图 5-68 所示。

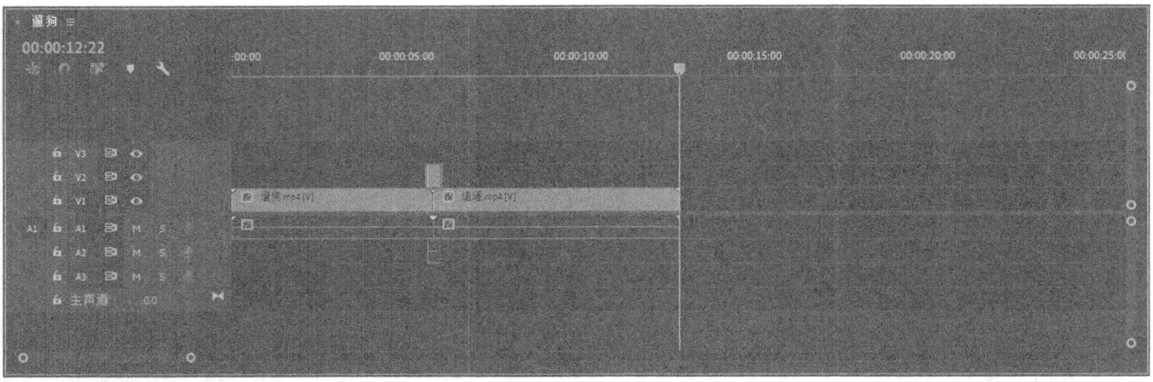

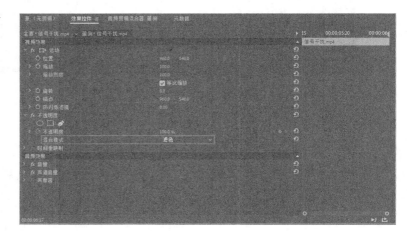

图5-68

03 选中"信号干扰"素材，打开"效果控件"面板，将"不透明度"选项下的"混合模式"改为"滤色"，如图 5-69 所示。

图5-69

04 添加音乐素材并将其调整至合适位置，案例最终效果如图 5-70 所示。

图5-70

课后习题：多种转场的混合使用

在剪辑视频中混合使用 5.2、5.4、5.5 节介绍的转场。

- 操作提示：多种转场混合使用
- 强化技能：视频转场
- 难度指数：★★★
- 素材路径：素材\第 5 章\课后习题

最终效果如图 5-71 所示。

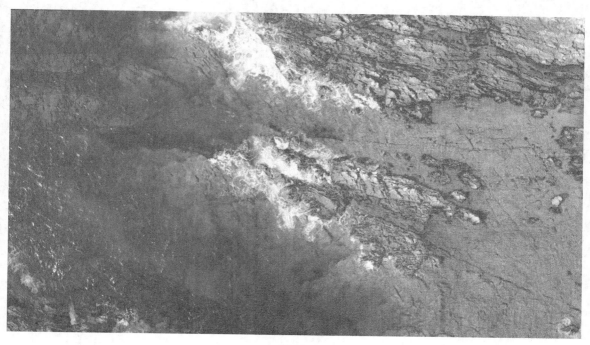

图5-71

第 **6** 章

创意类转场

本章将讲解创意类转场，它与经典类转场的区别在于创意类转场具有开放性。读者在学习过程中需要结合实际画面中的元素（例如形状、色彩、明暗对比等），并灵活运用蒙版及运动参数，才能制作出让人意想不到的转场效果。

6.1 由画面到眼球的跨越性转场——蒙版

以人物眼球作为中心点展现过渡镜头的内容，这种转场可使人产生极强的代入感并且富有创意。

- 要点提示：蒙版路径关键帧
- 素材路径：素材 \ 第 6 章 \6.1
- 在线视频：第 6 章 \6.1 由画面到眼球的跨越性转场——蒙版
- 应用场景：跨越性场景
- 魅力指数：★ ★ ★ ★ ★

01 将"彩霞""眼睛"素材和音乐素材导入素材箱，然后将前两段素材拖至"时间轴"面板中，如图 6-1 所示。

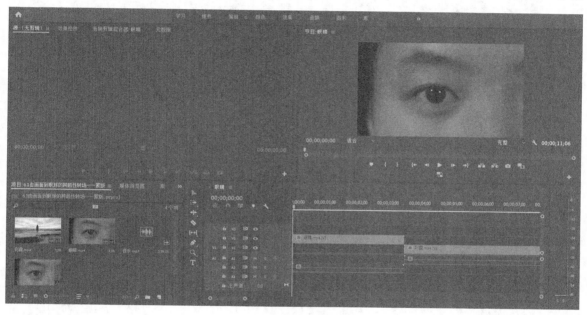

图6-1

02 打开"效果"面板，将"视频效果" > "扭曲" > "变换"效果添加至"眼睛"素材上，如图 6-2 所示。

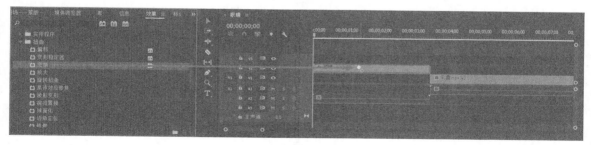

图6-2

03 为了便于操作，将"节目"面板中的"选择缩放级别"调整为"100%"，单击"效果控件"面板中的"变换"选项下的"创建椭圆形蒙版"按钮，画出"眼睛"素材的蒙版路径，将该蒙版路径调整至和眼球大小相近，如图6-3所示。

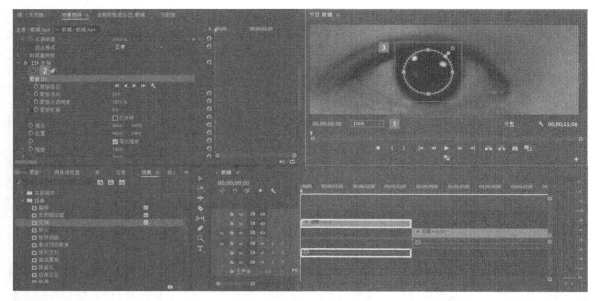

图6-3

04 蒙版路径调整好之后，对蒙版路径进行逐帧跟踪。在"效果控件"面板中，单击"变换"选项下"蒙版路径"前面的"切换动画"按钮 ⓞ ，然后按一次→键，微调蒙版路径的位置，使其始终位于眼球中间，如图 6-4 所示。

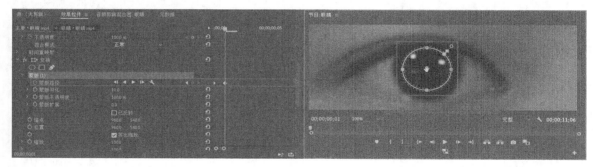

图6-4

小提示

- 如果添加完关键帧之后蒙版路径消失，则可以单击"效果控件"面板中的"蒙版（1）"选项。
- 移动关键帧的操作需要在"效果控件"面板处于激活状态时进行。

05 按一次→键，然后微调蒙版路径的位置，使其始终位于眼球中间。重复以上操作，直到眼睛闭合，蒙版路径变为一条直线，如图 6-5 所示。

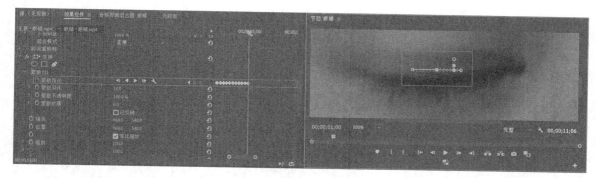

图6-5

06 蒙版路径跟踪完成后，将"选择缩放级别"调整为"适合"，然后将"效果控件"面板中的"蒙版羽化"调整为"35.0"，如图 6-6 所示。

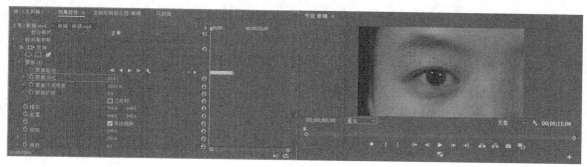

图6-6

07 将"彩霞"素材与"眼睛"素材的开始位置对齐，然后选中"眼睛"素材，在"效果控件"面板中将"变换"选项下的"不透明度"调整为"0.0"，如图 6-7 所示。

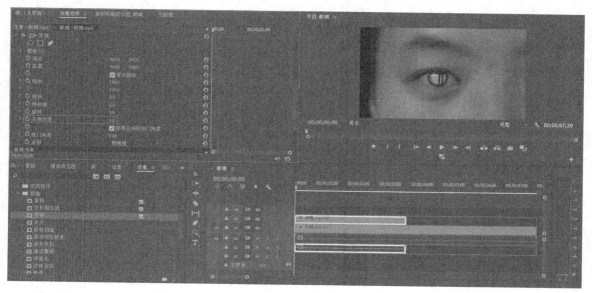

图6-7

08 将"眼睛"素材以眼球为中心放大，直到"彩霞"素材完全显示，然后将"眼睛"素材向后拖至24帧的位置，如图6-8所示。

图6-8

09 将时间针移至"眼睛"素材的开始位置，在"效果控件"面板中，单击"运动"选项下的"位置"和"缩放"前面的"切换动画"按钮，然后将时间针移至1秒05帧的位置，单击"重置参数"按钮，如图6-9所示。

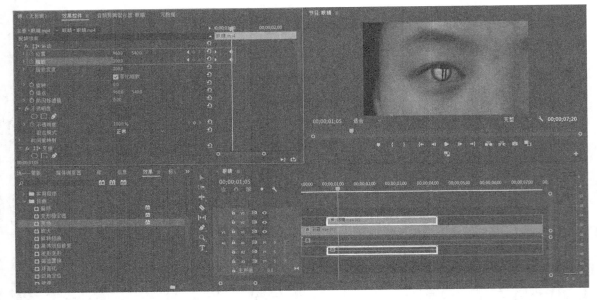

图6-9

10 将时间针移至"眼睛"素材的开始位置，选中"彩霞"素材，打开"效果控件"面板，在其中单击"运动"选项下的"位置"和"缩放"前面的"切换动画"按钮，并将"缩放"调整为"190.0"，如图6-10所示。

图6-10

11 将时间针移至 1 秒 05 帧的位置,将"效果控件"面板中"变换"选项下的"位置"调整为"920.0,640.0"、"缩放"调整为"60.0",如图 6-11 所示。

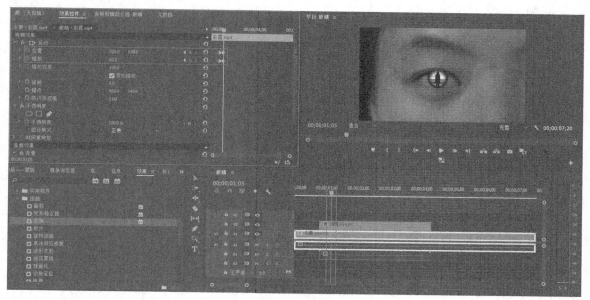

图6-11

12 给"彩霞"素材添加"视频效果">"扭曲">"变换"效果。在"效果控件"面板中的"变换"选项下,取消勾选"使用合成的快门角度"复选框,将"快门角度"调整为"360.00",如图 6-12 所示。对"眼睛"素材也做同样的操作。

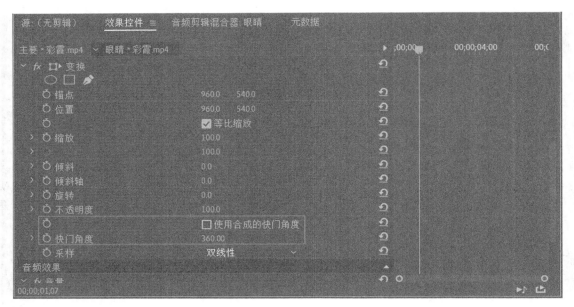

图6-12

13 添加音乐素材并将其调整至合适位置，案例最终效果如图 6-13 所示。

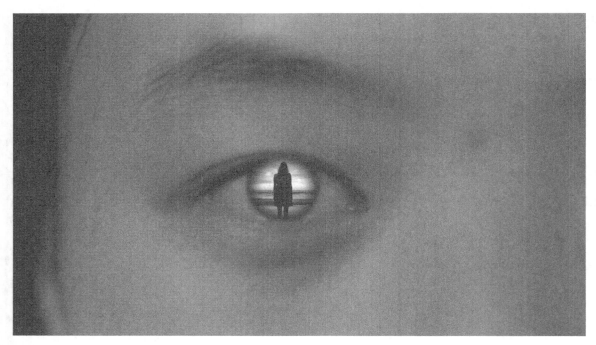

图6-13

知识拓展

- 在进行蒙版路径跟踪时需要在"效果控件"面板和"节目"面板之间重复切换。
- 在激活"节目"面板的状态下，通过鼠标滚轮也可以控制时间针的移动，但需要控制好滚动的程度。

6.2 超现实转场——渐变擦除

通过对两个不同镜头进行组合，可以得到超现实转场的效果。

- 要点提示："渐变擦除"效果
- 在线视频：第 6 章 \6.2 超现实转场——渐变擦除
- 素材路径：素材 \ 第 6 章 \6.2
- 应用场景：有一定关联的画面
- 魅力指数：★★★★

01 将"沙漠""银河"素材和音乐素材导入素材箱，然后将前两段素材拖至"时间轴"面板中，如图 6-14 所示。

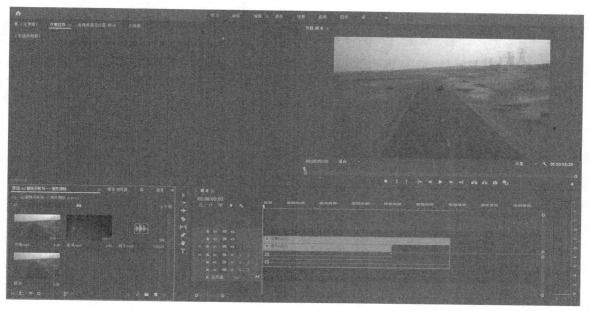

图6-14

02 将"沙漠"素材中的马路边缘用蒙版路径画出来。打开"效果"面板，添加"视频效果" > "过渡" > "渐变擦除"效果至"沙漠"素材上，如图 6-15 所示。

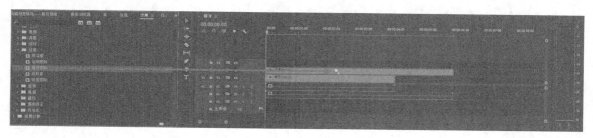

图6-15

03 将时间针移至"沙漠"素材的开始位置，打开"效果控件"面板，单击"渐变擦除"选项下的"自由绘制贝赛尔曲线"按钮，在"节目"面板中沿马路边缘绘制蒙版路径，为了便于操作，可以切换"选择缩放级别"的选项进行细节绘制，如图 6-16 所示。

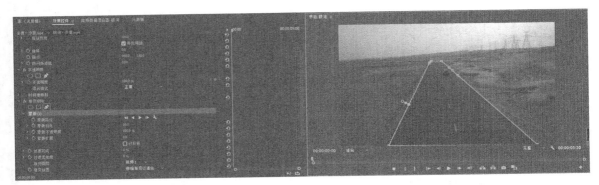

图6-16

04 蒙版路径调整好之后，对蒙版路径进行逐帧跟踪。在"效果控件"面板中，单击"渐变擦除"选项中"蒙版路径"前面的"切换动画"按钮 🖰，然后按一次→键，微调蒙版路径的位置，使其始终包围马路，如图 6-17 所示。

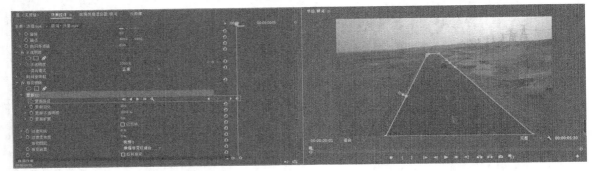

图6-17

05 按一次→键，然后微调蒙版路径的位置，使其始终包围马路。重复以上操作，直到跟踪到与"银河"素材平齐，如图 6-18 所示。

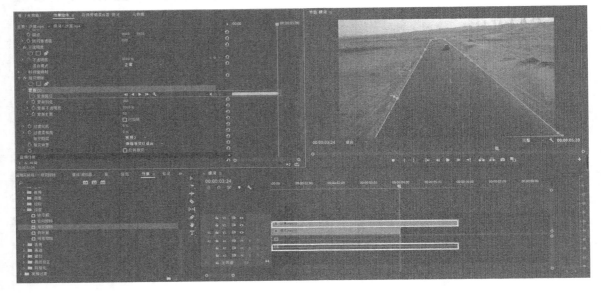

图6-18

06 选中"沙漠"素材，打开"效果控件"面板，将"蒙版羽化"调整为"25.0"，勾选"已反转"复选框，将"过渡柔和度"调整为"40.0%"，勾选"反转渐变"复选框，如图 6-19 所示。

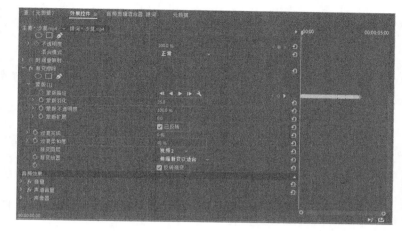

图6-19

07 蒙版参数调整好之后，将时间针移至素材的开始位置，单击"过渡完成"前面的"切换动画"按钮，然后将时间针移至 1 秒 10 帧的位置，将"过渡完成"调整为"100%"，如图 6-20 所示。

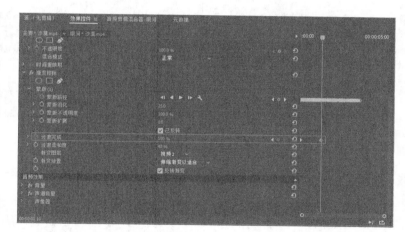

图6-20

08 添加音乐素材并将其调整至合适位置，案例最终效果如图 6-21 所示。

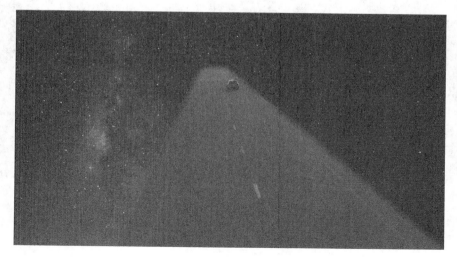

图6-21

6.3 无缝遮罩转场——蒙版

无缝遮罩转场是目前短视频中最常见的转场之一，其原理是将穿过整个画面的物体边缘作为下一个画面出现的起始点。

- 要点提示：蒙版路径
- 素材路径：素材 \ 第 6 章 \6.3
- 在线视频：第 6 章 \6.3 无缝遮罩转场——蒙版
- 应用场景：镜头切换
- 魅力指数：★★★★★

01 将"小河""建筑"素材和音乐素材导入素材箱，然后将前两段素材分别拖至"时间轴"面板中，如图 6-22 所示。

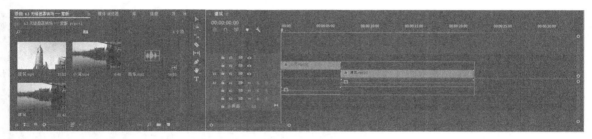

图6-22

02 将时间针移至 2 秒 18 帧的位置，也就是画面中栏杆上边缘开始划过画面的位置，如图 6-23 所示。

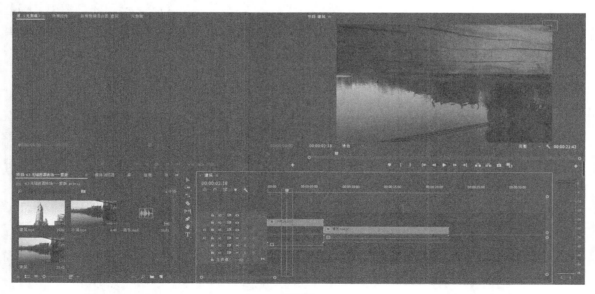

图6-23

03 选中"小河"素材，打开"效果控件"面板，单击"不透明度"选项下的"自由绘制贝塞尔曲线"按钮，
将画面右上角栏杆上边缘以外的部分圈出，然后勾选"已反转"复选框，为了便于调整，可将"节目"面板中的
"选择缩放级别"调整至"100%"，如图 6-24 所示。

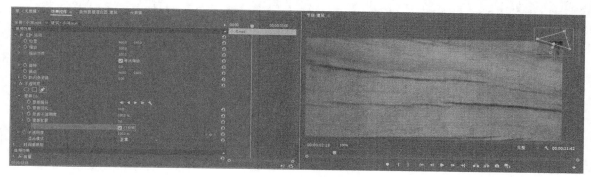

图6-24

04 蒙版路径确定好之后，对蒙版路径进行逐帧跟踪。单击"蒙版路径"前面的"切换动画"按钮，然后按一
次→键，调整蒙版路径的位置，使其始终框选画面中栏杆上边缘以外的部分，如图 6-25 所示。

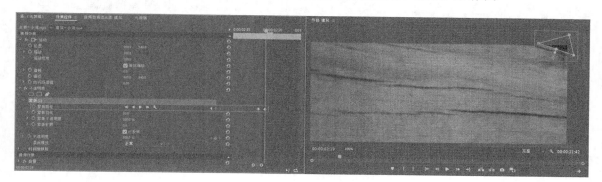

图6-25

05 按一次→键，然后调整蒙版路径的位置，使其始终框选画面中栏杆上边缘以外的部分，直到栏杆上边缘全部
从画面中消失，如图 6-26 所示。

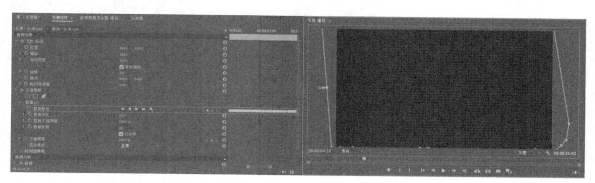

图6-26

06 为了使2秒18帧之前的画面内容不受蒙版的影响，将时间针移至第一个跟踪关键帧的位置，然后按一次←键，将蒙版路径移至画面外，如图 6-27 所示。

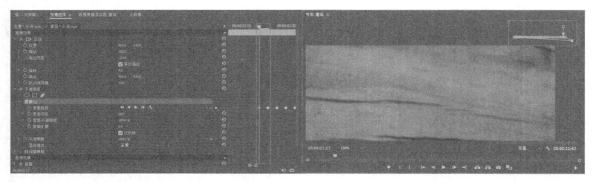

图6-27

07 将"建筑"素材与"小河"素材的开始位置对齐，选中"小河"素材，打开"效果控件"面板，根据蒙版路径的实际情况调整"蒙版扩展"的值，使过渡效果更流畅，如图 6-28 所示。

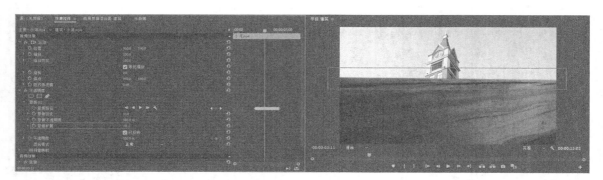

图6-28

08 为了便于匹配视频与音乐的节奏，将视频素材嵌套。选中"小河"和"建筑"素材，单击鼠标右键，执行"嵌套"命令，如图 6-29 所示。

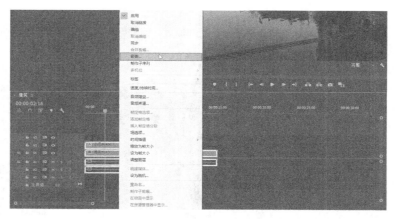

图6-29

09 将音乐素材拖至"时间轴"面板中并调整视频素材的位置，如图 6-30 所示。

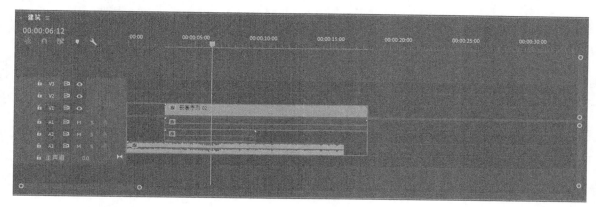

图6-30

10 使用鼠标右键单击"嵌套序列 02"4 个字前面的 图标，执行"时间重映射" > "速度"命令，如图 6-31 所示。

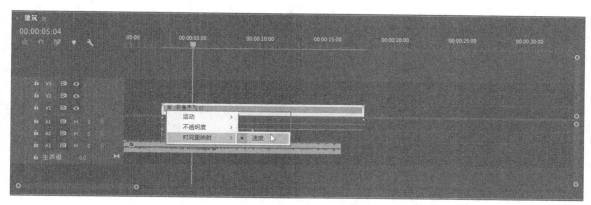

图6-31

11 执行完上述操作后，"嵌套序列 02"素材上会出现速度线，在按住 Ctrl 键的同时，单击速度线可以给该素材添加速度关键帧，上下拖动速度线可以调整视频的速度，根据音乐节奏调整视频的速度，如图 6-32 所示。

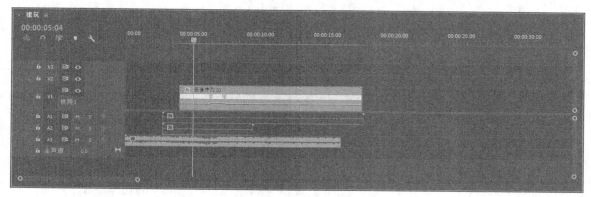

图6-32

12 案例最终效果如图 6-33 所示。

图6-33

知识拓展

● 根据音乐节奏调整视频的速度是制作转场效果的关键。

6.4 水墨笔刷转场——轨道遮罩键

以笔刷划过的形式进行镜头之间的切换，称为笔刷转场。

● 要点提示：　"轨道遮罩键"效果　　　● 在线视频：第 6 章 \6.4 水墨笔刷转场——轨道遮罩键

● 素材路径：素材 \ 第 6 章 \6.4　　　　● 应用场景：有意境的场景　　　　　　　● 魅力指数：★ ★ ★ ★

01 将"山谷""松枝""水墨"素材和音乐素材导入素材箱，然后将"松枝""山谷""水墨"素材按顺序拖至"时间轴"面板的 V1、V2、V3 轨道中，如图 6-34 所示。

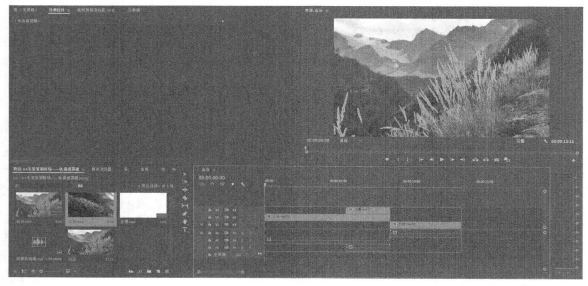

图6-34

02 将时间针移至"水墨"素材的开始位置,单击"剃刀工具"按钮 ✎,将"山谷"素材截断,如图 6-35 所示。

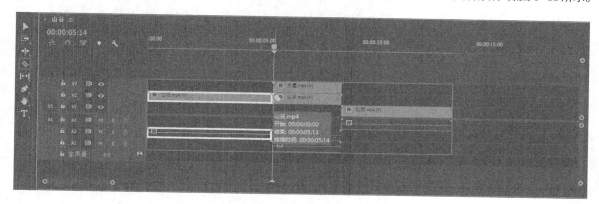

图6-35

03 打开"效果"面板,添加"视频效果">"键控">"轨道遮罩键"至第二段"山谷"素材上,如图 6-36 所示。

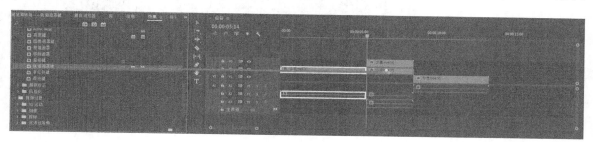

图6-36

04 选中第二段"山谷"素材,打开"效果控件"面板,将"轨道遮罩键"选项下的"遮罩"改为"视频3"、"合成方式"改为"亮度遮罩",如图 6-37 所示。

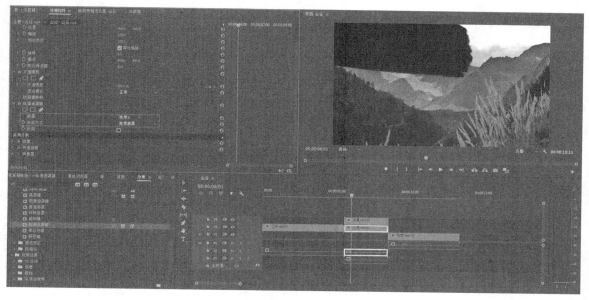

图6-37

05 将"松枝"素材与"水墨"素材的开始位置对齐，如图6-38所示。

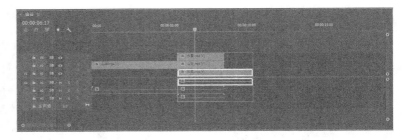

图6-38

06 添加音乐素材并将其调整至合适位置，案例最终效果如图6-39所示。

图6-39

6.5 任意门转场——蒙版

利用房间门窗户、柜子等开门式物体可制作任意门转场。

- 要点提示：蒙版路径跟踪
- 在线视频：第6章\6.5 任意门转场——蒙版
- 素材路径：素材\第6章\6.5
- 应用场景：推门镜头
- 魅力指数：★★★★

01 将"大海""开门"素材导入素材箱，然后将这两段视频素材按顺序拖至"时间轴"面板中，如图6-40所示。

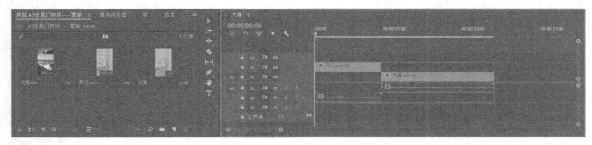

图6-40

02 将时间针移至"开门"素材中刚要出现门缝的位置，然后选中"开门"素材，打开"效果控件"面板，单击"不透明度"选项下的"创建 4 点多边形蒙版"按钮▣，绘制蒙版路径使其与门缝吻合，为了方便绘制蒙版路径，可以调整"节目"面板中的"选择缩放级别"参数，勾选"已反转"复选框，如图 6-41 所示。

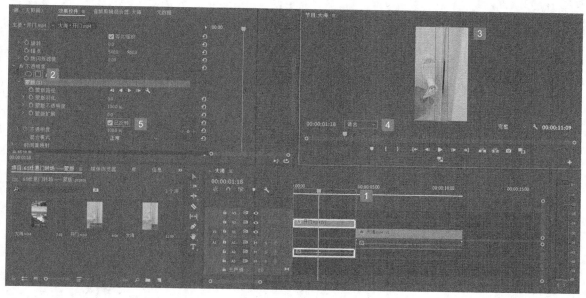

图6-41

03 蒙版路径确定好之后，对蒙版路径进行逐帧跟踪。单击"蒙版（1）"选项下"蒙版路径"前面的"切换动画"按钮◎，然后按一次→键，调整蒙版路径的位置，使其始终与门缝部分吻合，如图 6-42 所示。

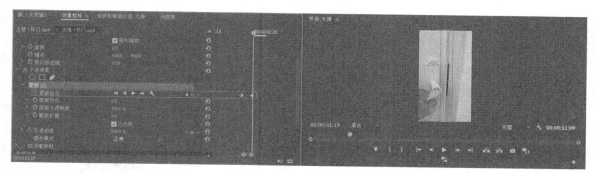

图6-42

04 按一次→键，调整蒙版路径的位置，使其始终与门缝部分吻合。重复以上操作，直到门框从画面中消失为止，如图 6-43 所示。

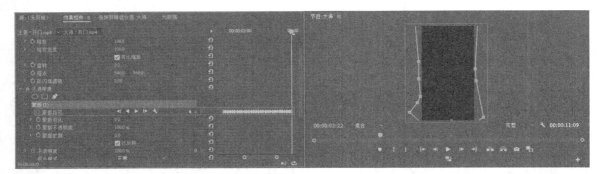

图6-43

05 为了使开门之前的画面内容不受蒙版的影响，将时间针移至第一个跟踪关键帧的位置，然后按一次←键，将蒙版路径移至画面外，如图 6-44 所示。

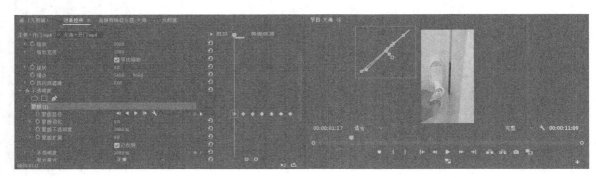

图6-44

06 保持时间针的位置不变，将"大海"素材的开始位置与时间针对齐，如图 6-45 所示。

07 案例最终效果如图 6-46 所示。

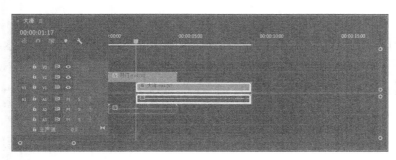

图6-45

图6-46

6.6 翻页折叠转场——变换

翻页折叠转场是卡通类视频中常用的转场，将其与音乐节奏匹配会产生让人意想不到的效果。

- 要点提示："变换"效果
- 素材路径：素材 \ 第 6 章 \6.6
- 在线视频：第 6 章 \6.6 翻页折叠转场——变换
- 应用场景：卡通类视频

魅力指数：★ ★ ★ ★

---

01 将"玩偶（一）""玩偶（二）"素材和音乐素材导入素材箱。新建一个高清视频序列，相关设置如图 6-47 所示。

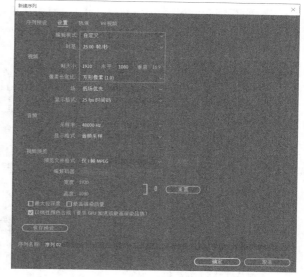

图6-47

02 将两个图片素材按顺序拖至"时间轴"面板中，适当调整其长度。单击"剃刀工具"按钮，截取"玩偶（一）"素材的末尾部分并将其移到 V2 轨道中，如图 6-48 所示。

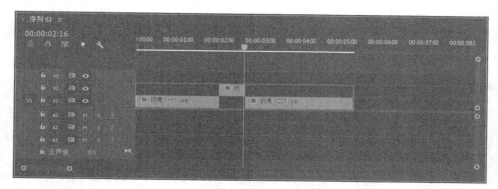

图6-48

03 打开"效果"面板，添加"视频效果" > "扭曲" > "变换"效果至 V2 轨道中的"玩偶（一）"素材上，如图 6-49 所示。

图6-49

04 将时间针移至 V2 轨道中"玩偶（一）"素材的开始位置，选中 V2 轨道中的"玩偶（一）"素材，打开"效果控件"面板，单击"变换"，"节目"面板中出现十字星标志，如图 6-50 所示。

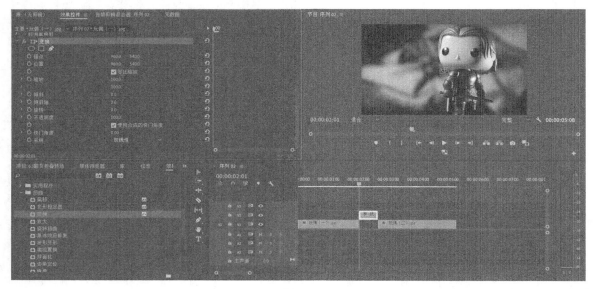

图6-50

05 设置画面中锚点的位置。要将画面从右向左折叠，需要将锚点移动到画面的最左侧，以最左侧为折叠的终点，将"锚点"中代表 x 轴坐标的参数值调整为"0.0"，如图 6-51 所示。

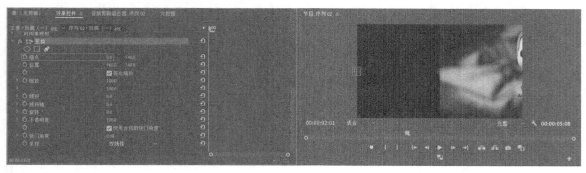

图6-51

相关内容

"锚点"功能的相关内容可以参考"1.8.1 运动"。

06 由于锚点移动导致画面位置改变，因此需要把画面向左移动到原始位置。将"变换"选项下"位置"中代表 *x* 轴坐标的参数值调整为"0.0"，如图 6-52 所示。

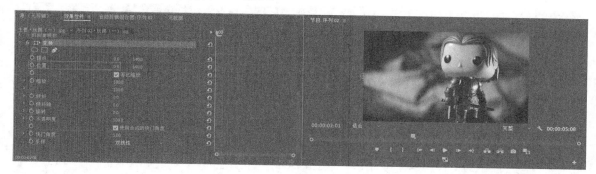

图6-52

07 制作画面的折叠效果。取消勾选"变换"选项下的"等比缩放"复选框，单击"缩放宽度"前面的"切换动画"按钮，将时间针移至 V2 轨道中的"玩偶（一）"素材的结束位置，将"缩放宽度"调整为"0.0"，取消勾选"变换"选项下的"使用合成的快门角度"复选框，将"快门角度"调整为"360.00"，增强画面的动态模糊，如图 6-53 所示。

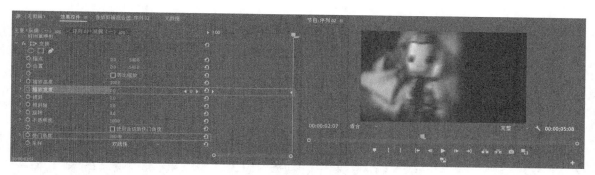

图6-53

08 制作"玩偶（二）"素材的折叠动画。将"玩偶（二）"素材与 V2 轨道中的"玩偶（一）"素材的开始位置对齐，然后给"玩偶（二）"素材添加"视频效果">"扭曲">"变换"效果，如图 6-54 所示。

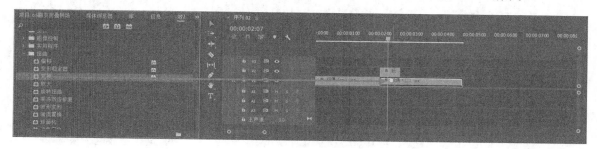

图6-54

09 "玩偶（二）"素材以画面最右侧为起始点向左折叠，这时需要将锚点移动到画面最右侧。单击V2轨道的"切换轨道输出"按钮 ，选中"玩偶（二）"素材，打开"效果控件"面板，单击"变换"，"节目"面板中出现十字星标志，将"锚点"中代表 *x* 轴坐标的参数值调整为"1920.0"，将"位置"中代表 *x* 轴坐标的参数值调整为"1920.0"，如图6-55所示。

图6-55

10 制作画面的折叠效果。取消勾选"变换"选项下的"等比缩放"复选框，将时间针移至"玩偶（二）"素材的开始位置，单击"缩放宽度"前面的"切换动画"按钮 ，并将"缩放宽度"调整为"0.0"，然后将时间针移至V2轨道中的"玩偶（一）"素材的结束位置，将"缩放宽度"调整为"100.0"，取消勾选"变换"选项下的"使用合成的快门角度"复选框，将"快门角度"调整为"360.00"，增强画面的动态模糊，如图6-56所示。

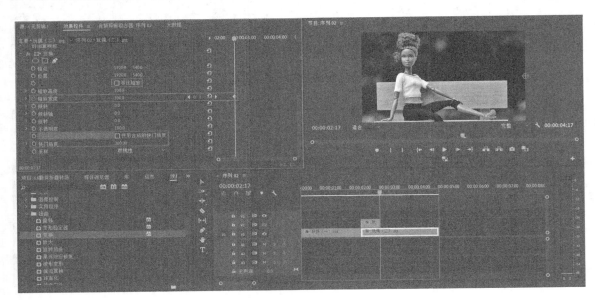

图6-56

11 单击 V2 轨道的"切换轨道输
出"按钮 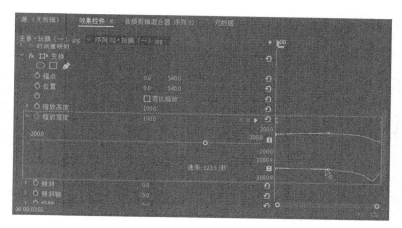，这时可以看到翻页折
叠转场的初步效果，下面制作关键
帧的缓入和缓出效果。选中 V2 轨
道中的"玩偶（一）"素材，然后
选中"缩放宽度"的第一个关键帧，
单击鼠标右键，执行"缓出"命令；
选中"缩放宽度"的第二个关键帧，
单击鼠标右键，执行"缓入"命令。
展开"缩放宽度"选项，拖动关键
帧的小摇杆 将曲线调整成凹陷的
形状，如图 6-57 所示。

图6-57

12 根据步骤 11 的方法，将"玩
偶（二）"素材的"缩放宽度"曲
线调整成凸出的形状，如图 6-58
所示。

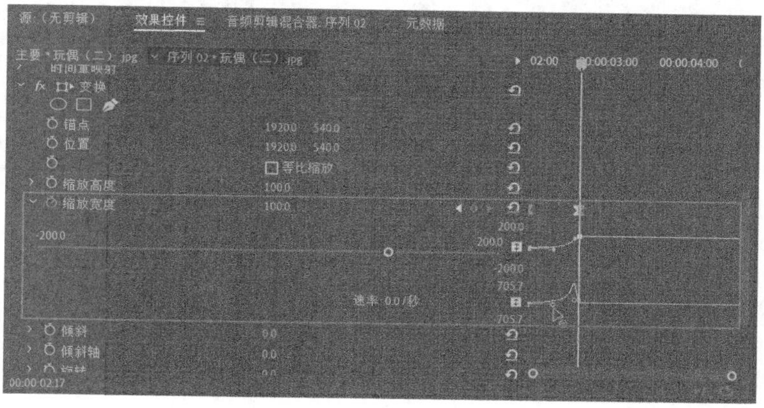

图6-58

13 根据画面的实际情况，适当调
整两段素材中"缩放宽度"关键帧
的位置，使整个转场效果连贯，没
有黑色缝隙。添加音乐素材并将其
调整至合适位置，案例最终效果如
图 6-59 所示。

图6-59

6.7 快速旋转转场——镜像

本节讲解不使用插件手动制作快速旋转转场的方法，读者学完本节后还可以举一反三，制作出其他形式的转场效果。

- 要点提示："镜像"效果的参数设置
- 素材路径：素材 \ 第 6 章 \6.7
- 在线视频：第 6 章 \6.7 快速旋转转场——镜像
- 应用场景：镜头切换
- 魅力指数：★ ★ ★ ★

01 将"小提琴""吉他"素材和音乐素材导入素材箱，然后将前两段视频素材依次拖入"时间轴"面板中，如图6-60所示。

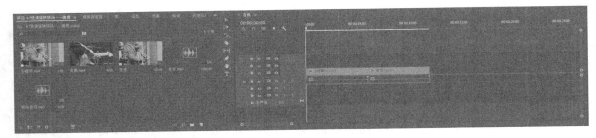

图6-60

02 新建一个调整图层，将调整图层拖至 V2 轨道中，使其横跨两段视频素材，左右跨度均为 5 帧即可，将时间针移至两段视频素材的中间位置，在按住 Shift 键的同时按一次←键，将时间针之前的"调整图层"素材删除，然后将时间针移至两段视频素材的中间位置，在按住 Shift 键的同时按一次→键，将时间针之后的"调整图层"素材删除，如图 6-61 所示。

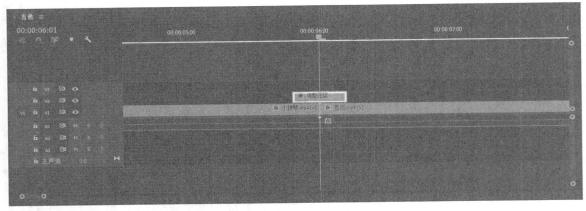

图6-61

03 按住 Alt 键向上拖动"调整图层"素材至 V3 轨道中，复制一份"调整图层"素材，如图 6-62 所示。

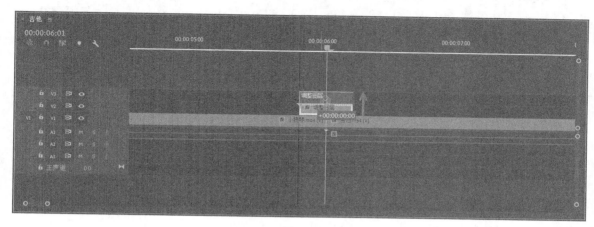

图6-62

04 添加"视频效果" > "风格化" > "复制"效果至 V2 轨道中的"调整图层"素材上，然后打开"效果控件"面板，将"复制"选项下的"计数"调整为"3"，如图 6-63 所示。

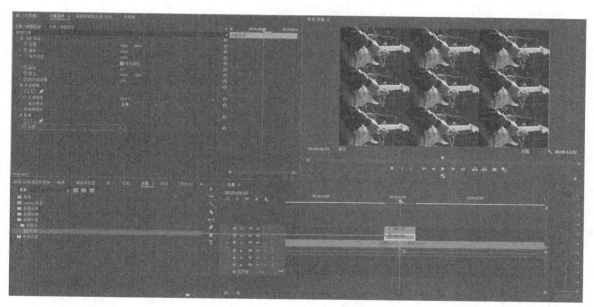

图6-63

05 第一次添加"镜像"效果。将"视频效果" > "扭曲" > "镜像"效果添加至 V2 轨道中的"调整图层"素材上，打开"效果控件"面板，然后将"镜像"选项下的"反射角度"调整为"90.0°"，将"反射中心"中代表 y 轴坐标的参数值调整为"719.0"，使下面两层视频对称，如图 6-64 所示。

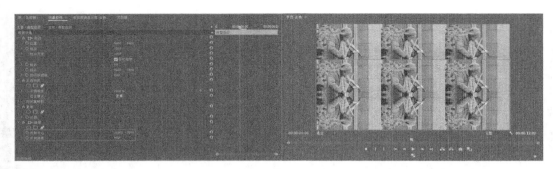

图6-64

06 第二次添加"镜像"效果。将"视频效果">"扭曲">"镜像"效果添加至 V2 轨道中的"调整图层"素材上，打开"效果控件"面板，然后将"镜像"选项下的"反射角度"调整为"−90.0°"，将"反射中心"中代表 *y* 轴坐标的参数值调整为"360.0"，使上面两层视频对称，如图 6-65 所示。

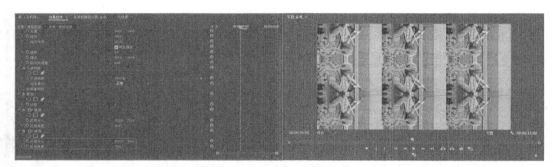

图6-65

07 第三次添加"镜像"效果。将"视频效果">"扭曲">"镜像"效果添加至 V2 轨道中的"调整图层"素材上，打开"效果控件"面板，然后将"镜像"选项下的"反射角度"调整为"0.0"，将"反射中心"中代表 *x* 轴坐标的参数值调整为"1279.0"，使右边两层视频对称，如图 6-66 所示。

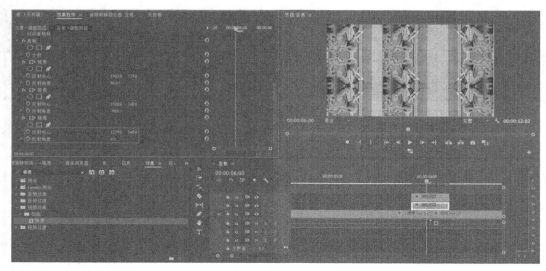

图6-66

08 第四次添加"镜像"效果。将"视频效果" > "扭曲" > "镜像"效果添加至 V2 轨道中的"调整图层"素材上，打开"效果控件"面板，然后将"镜像"选项下的"反射角度"调整为"180.0°"，将"反射中心"中代表 x 轴坐标的参数值调整为"640.0"，使左边两层视频对称，如图 6-67 所示。

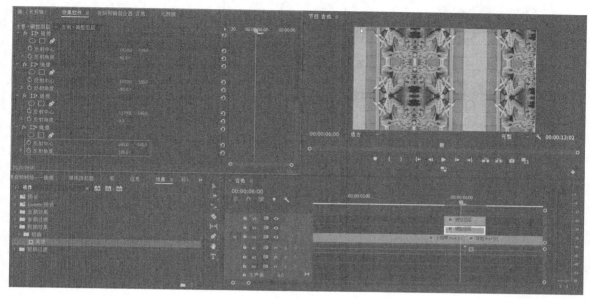

图6-67

09 将"视频效果" > "扭曲" > "变换"效果添加至 V3 轨道中的"调整图层"素材上，选中 V3 轨道中的"调整图层"素材，打开"效果控件"面板，将"变换"选项下的"缩放"调整为"300.0"，取消勾选"使用合成的快门角度"复选框，将"快门角度"设置为"360.00"，如图 6-68 所示。

10 将时间针移至"调整图层"素材的开始位置，单击"变换"选项下"旋转"前面的"切换动画"按钮，然后将时间针移至"调整图层"素材的最后一帧的位置，将"旋转"调整为"1×0.0°"，它表示旋转一圈，即旋转 360°，如图 6-69 所示。

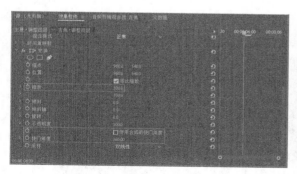

图6-68

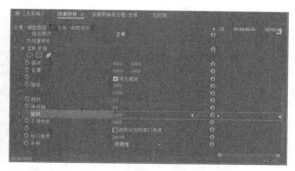

图6-69

11 添加音乐素材并将其调整至合适位置，案例最终效果如图 6-70 所示。

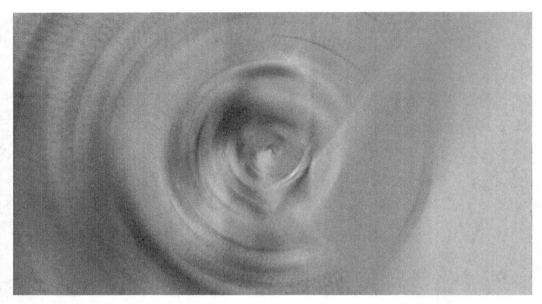

图6-70

6.8 无缝放大转场和保存转场预设——镜像

本节结合快速旋转转场的原理制作无缝放大转场效果，同时讲解如何保存制作完成的转场预设，方便以后直接套用。

- 要点提示："镜像"效果的参数设置
- 素材路径：素材 \ 第 6 章 \6.8
- 在线视频：第 6 章 \6.8 无缝放大转场和保存转场预设——镜像
- 应用场景：镜头切换
- 魅力指数：★★★★★

01 将"海鸥""欧式建筑"素材和音乐素材导入素材箱，然后将前两段视频素材依次拖至"时间轴"面板中，如图 6-71 所示。

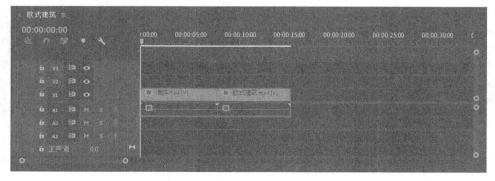

图6-71

02 新建一个调整图层，将调整图层拖至 V3 轨道中，使其横跨两段视频素材，左右跨度均为 5 帧即可，将时间针移至两段视频素材的中间位置，在按住 Shift 键的同时按一次←键，将时间针之前的"调整图层"素材删除，然后将时间针移至两段视频素材的中间位置，在按住 Shift 键的同时按一次→键，将时间针之后的"调整图层"素材删除，如图 6-72 所示。

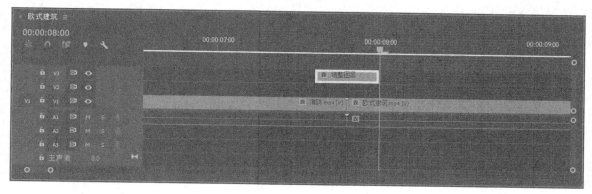

图6-72

03 按住 Alt 键向下拖动"调整图层"素材至 V2 轨道中，复制一份"调整图层"素材，然后将 V2 轨道中的"调整图层"素材的前 5 帧删掉，如图 6-73 所示。

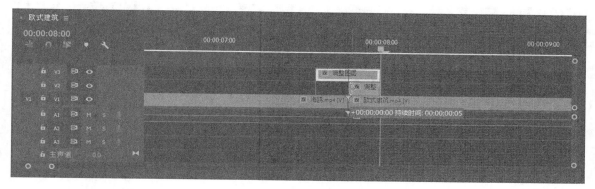

图6-73

04 将"视频效果">"风格化">"复制"效果添加至 V2 轨道中的"调整图层"素材上，然后打开"效果控件"面板，将"复制"选项下的"计数"调整为"3"，如图 6-74 所示。

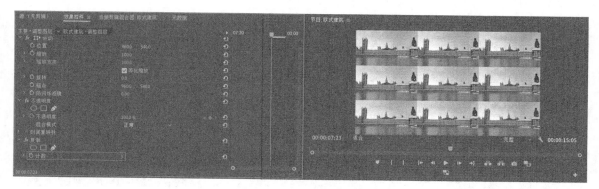

图6-74

05 第一次添加"镜像"效果。将"视频效果">"扭曲">"镜像"效果添加至V2轨道中的"调整图层"素材上，打开"效果控件"面板，然后将"镜像"选项下的"反射角度"调整为"90.0°"，将"反射中心"中代表 y 轴坐标的参数值调整为"720.0"，使下面两层视频对称，如图6-75所示。

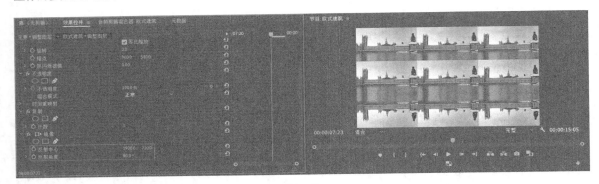

图6-75

06 第二次添加"镜像"效果。将"视频效果">"扭曲">"镜像"效果添加至V2轨道中的"调整图层"素材上，打开"效果控件"面板，然后将"镜像"选项下的"反射角度"调整为"-90.0°"，将"反射中心"中代表 y 轴坐标的参数值调整为"360.0"，使上面两层视频对称，如图6-76所示。

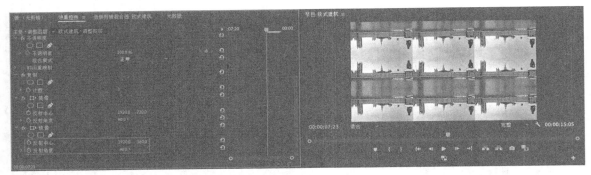

图6-76

07 第三次添加"镜像"效果。将"视频效果">"扭曲">"镜像"效果添加至V2轨道中的"调整图层"素材上，打开"效果控件"面板，然后将"镜像"选项下的"反射角度"调整为"0.0"，将"反射中心"中代表 x 轴坐标的参数值调整为"1279.0"，使右边两层视频对称，如图6-77所示。

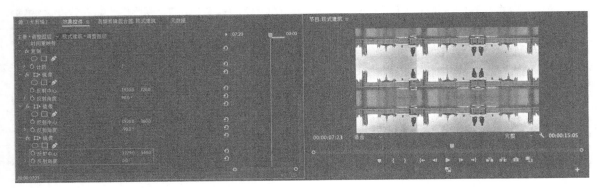

图6-77

08 第四次添加"镜像"效果。将"视频效果">"扭曲">"镜像"效果添加至 V2 轨道中的"调整图层"素材上，打开"效果控件"面板，然后将"镜像"选项下的"反射角度"调整为"180.0°"，将"反射中心"中代表 *x* 轴坐标的参数值调整为"640.0"，使左边两层视频对称，如图 6-78 所示。

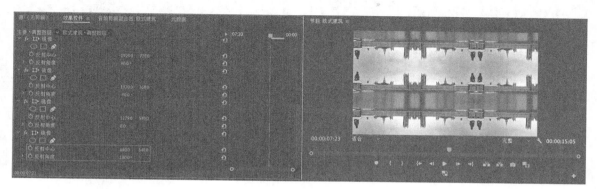

图6-78

09 将"视频效果">"扭曲">"变换"效果添加至 V3 轨道中的"调整图层"素材上，选中 V3 轨道中的"调整图层"素材，打开"效果控件"面板，在"变换"选项下取消勾选"使用合成的快门角度"复选框，将"快门角度"设置为"360.00"，如图 6-79 所示。

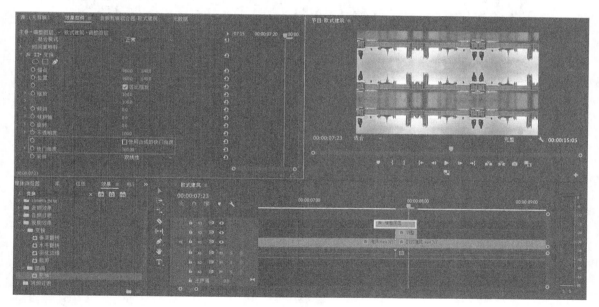

图6-79

10 将时间针移至 V3 轨道中"调整图层"素材的开始位置，单击"变换"选项下"缩放"前面的"切换动画"按钮，然后将时间针移至"调整图层"素材最后一帧的位置，将"缩放"调整为"300.0"，使用鼠标右键单击第一个关键帧，执行"缓出"命令，使用鼠标右键单击第二个关键帧，执行"缓入"命令，效果如图 6-80 所示。

11 选中 V2 轨道中的"调整图层"素材，打开"效果控件"面板，使用鼠标右键单击"视频效果"，执行"全选"命令，如图 6-81 所示。

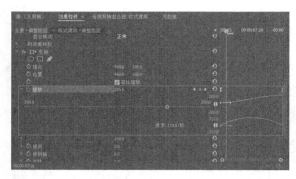

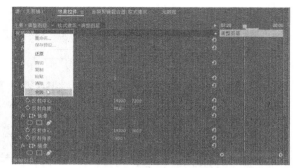

图6-80   图6-81

12 使用鼠标右键单击"视频效果",执行"保存预设"命令,弹出"保存预设"对话框,设置"名称"为"镜像拼接",单击"确定"按钮,即可保存转场预设,如图6-82所示。

13 打开"效果"面板,将图6-83所示的"预设"＞"镜像拼接"预设拖至"调整图层"素材上。

图6-82   图6-83

14 添加音乐素材并将其调整至合适位置,案例最终效果如图6-84所示。

图6-84

课后习题：连续开门转场

使用"变换"效果，制作连续开门转场。

- 操作提示：蒙版
- 素材路径：素材 \ 第 6 章 \ 课后习题
- 强化技能：场景切换
- 难度指数：★★★★★

连续开门转场的最终效果如图 6-85 所示。

图6-85

第 **7** 章

技巧性剪辑

在视频剪辑过程中，除了需要进行正常的素材拼接操作外，必要时还需要根据实际情况进行一些技巧性剪辑操作，特别是在短视频的制作过程中，为合适的场景制作出恰到好处的效果很重要。本章将通过实战的方式详细讲解常用的剪辑技巧。

7.1 模拟抖动镜头——变形稳定器

　　本节主要讲解如何为固定镜头制作抖动效果，可以先给一个抖动镜头添加"变形稳定器"效果，然后将抖动镜头运算后的稳定轨迹数值复制到固定镜头上，即可得到抖动效果。

- 要点提示："变形稳定器"效果的逆向运用
- 素材路径：素材 \ 第 7 章 \7.1
- 在线视频：第 7 章 \7.1 模拟抖动镜头——变形稳定器
- 应用场景：固定镜头
- 魅力指数：★ ★ ★ ★

01 将"花穗""夕阳"素材和音乐素材导入素材箱，然后将前两段视频素材依次拖入"时间轴"面板中，如图7-1所示。

图7-1

02 在"效果"面板中通过搜索找到"变形稳定器"效果，将其添加至"夕阳"素材上，打开"效果控件"面板，然后将"变形稳定器"选项下的"平滑度"调整为"60%"、"方法"调整为"位置"，如图 7-2所示。

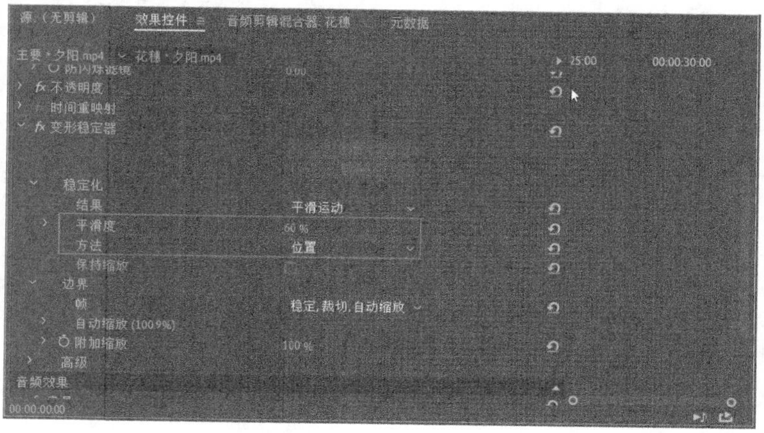

图7-2

03 在"效果控件"面板中选中"变形稳定器"效果，单击鼠标右键，执行"复制"命令，如图7-3所示。

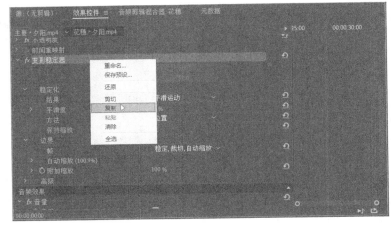

图7-3

04 选中"花穗"素材，然后在"效果控件"面板内的空白处单击鼠标右键，执行"粘贴"命令，如图7-4所示。

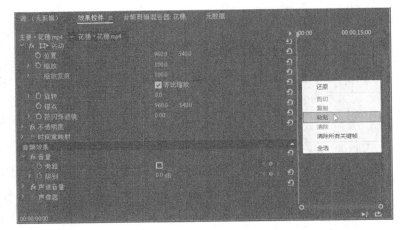

图7-4

05 此时，"节目"面板中出现分析提示条。展开"高级"选项，勾选"隐藏警告栏"复选框，根据画面的实际情况调整"更少裁切<->更多平滑"和"平滑度"参数，这两个参数的值越小，画面越稳定，这里分别设置为"50%"和"30%"，如图7-5所示。

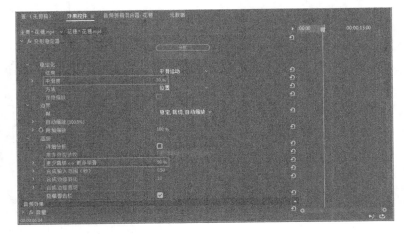

图7-5

06 由于运算量比较大，因此需要为添加效果的视频区间设置出点和入点，然后按 Enter 键进行渲染，如图 7-6 所示。

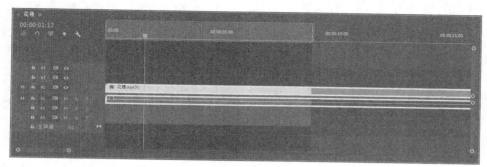

图7-6

07 添加音乐素材并将其调整至合适位置，案例最终效果如图 7-7 所示。

图7-7

知识拓展

• 设置出点和入点的快捷键分别是 O 键和 I 键。

7.2 视频定格效果——插入帧定格分段

视频定格效果常用于唯美风格的人物视频，在剪辑过程中可以直接使用从视频中截取的图片，也可以使用与当前画面内容相同或角度相似的现场照片。

• 要点提示：帧定格
• 素材路径：素材 \ 第 7 章 \7.2
• 在线视频：第 7 章 \7.2 视频定格效果——插入帧定格分段
• 应用场景：人物视频
• 魅力指数：★★★★

01 将"情侣"素材和音乐素材导入素材箱，然后将"情侣"素材拖至"时间轴"面板中，将时间针移至 5 秒 02 帧的位置，单击鼠标右键，执行"插入帧定格分段"命令，如图 7-8 所示。

图7-8

02 此时会出现一个画面静止的素材，按住 Alt 键将该素材向上拖至 V2 轨道中，复制该素材，如图 7-9 所示。

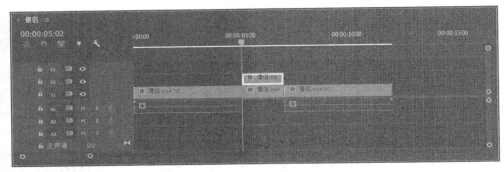

图7-9

03 选中 V2 轨道中的静止画面素材，打开"效果控件"面板，将时间针移至 5 秒 02 帧的位置，单击"运动"选项下"缩放"前面的"切换动画"按钮，然后把时间针移至 5 秒 13 帧的位置，将"缩放"调整为"75.0"，将时间针移至 5 秒 02 帧的位置，单击"旋转"前面的"切换动画"按钮，把时间针移至 5 秒 13 帧的位置，将"旋转"调整为"8.0°"，如图 7-10 所示。

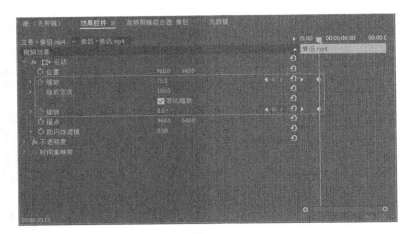

图7-10

04 在"效果"面板中找到"视频效果">"扭曲">"高斯模糊"效果,并将其添加至 V1 轨道中的静止画面素材上,然后打开"效果控件"面板,将"模糊度"调整为"25.0",如图 7-11 所示。

图7-11

05 选中 V1 和 V2 轨道中的静止画面素材,单击鼠标右键,执行"嵌套"命令,如图 7-12 所示。

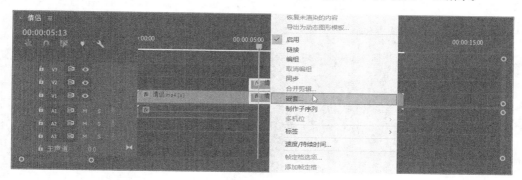

图7-12

06 在"效果"面板中找到"视频过渡">"溶解">"白场过渡"效果,并将其添加至"情侣"和"嵌套序列 02"两段素材之间,如图 7-13 所示。

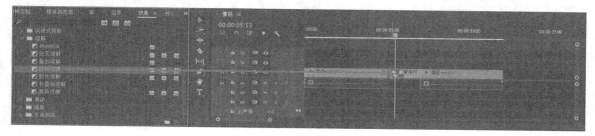

图7-13

07 选中"白场过渡"效果，打开"效果控件"面板，将"持续时间"设置为"00:00:00:15"，将"对齐"设置为"中心切入"，如图7-14所示。

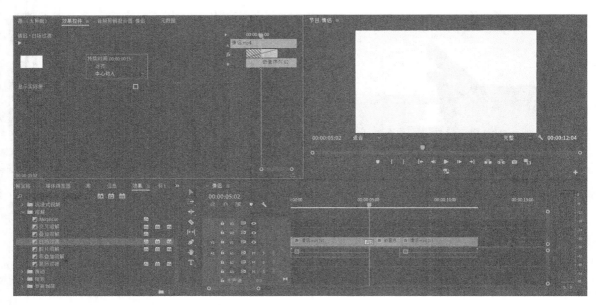

图7-14

08 将相机快门音效素材添加至"白场过渡"效果下面，添加音乐素材并将其调整至合适位置，案例最终效果如图7-15所示。

图7-15

7.3 网格效果——网格

在视频中添加"网格"效果，可使视频的整体效果更加突出。

- 要点提示："网格"效果的参数设置
- 素材路径：素材 \ 第 7 章 \7.3
- 在线视频：第 7 章 \7.3 网格效果——网格
- 应用场景：欧美风格的视频
- 魅力指数：★★★

01 将"模特"素材和音乐素材导入素材箱，然后将这两段素材拖至"时间轴"面板中，如图 7-16 所示。

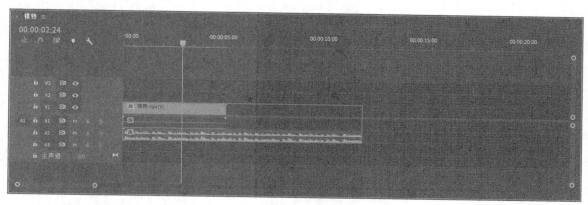

图7-16

02 打开"效果"面板，将"视频效果" > "生成" > "网格"效果添加至"模特"素材上，如图 7-17 所示。

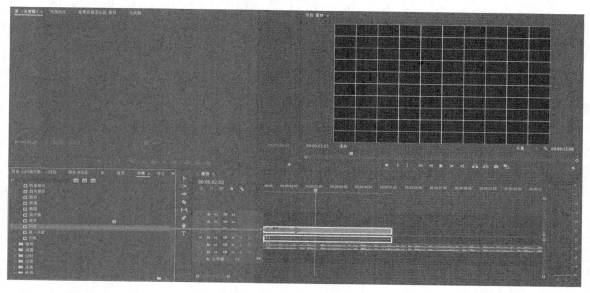

图7-17

03 选中"模特"素材,打开"效果控件"面板,先将"网格"选项下的"混合模式"设置为"正常",然后将"锚点"设置为"1940.0,540.0"、"大小依据"设置为"宽度和高度滑块"、"宽度"设置为"2000.0"、"高度"设置为"40.0"、"边框"调整为"7.0"、"颜色"设置为黑色、"不透明度"设置为"70.0%",如图7-18所示。

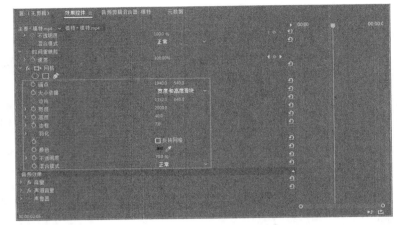

图7-18

04 案例最终效果如图7-19所示。

图7-19

7.4 直播弹幕效果——旧版标题

直播弹幕效果是结合当下直播热潮,使用剪辑技巧模拟的实时弹幕效果,多用在各种赛事直播或个人直播类的视频中。

● 要点提示：旧版标题

● 素材路径：素材 \ 第 7 章 \7.4

● 在线视频：第 7 章 \7.4 直播弹幕效果——旧版标题

● 应用场景：直播弹幕

● 魅力指数：★★★★

01 将"比赛"素材导入素材箱，然后将该素材拖至"时间轴"面板中，如图 7-20 所示。

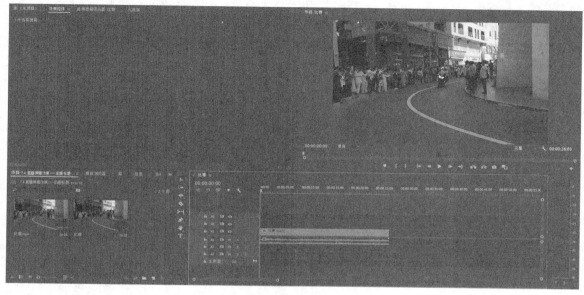

图7-20

02 新建旧版标题，在"字幕"面板中输入多条弹幕，如图 7-21 所示。

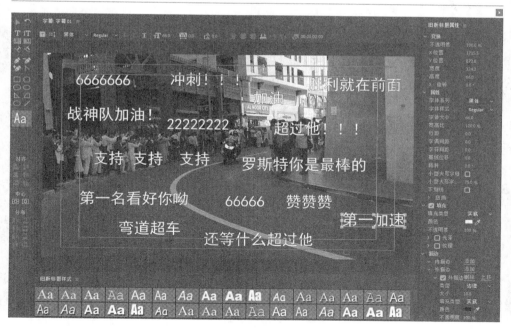

图7-21

03 弹幕输入完成后关闭旧版标题窗口。将"字幕01"素材拖至V2轨道中，如图7-22所示。

图7-22

04 将时间针移至"比赛"素材的开始位置，选中"字幕01"素材，打开"效果控件"面板，单击"运动">"位置"前面的"切换动画"按钮，将代表*x*轴坐标的参数值调整为"2750.0"，然后将时间针移至4秒处，将代表*x*轴坐标的参数值调整为"960.0"，如图7-23所示。

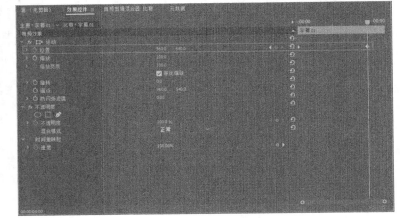

图7-23

05 案例最终效果如图7-24所示。

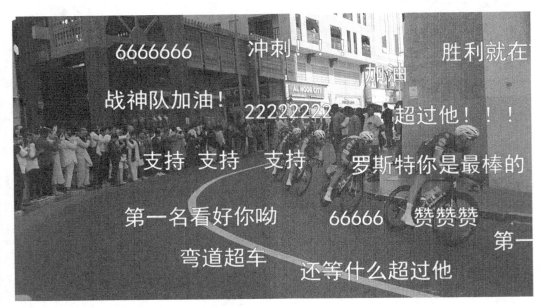

图7-24

7.5 边角定位效果——边角定位

"边角定位"效果可理解为高级版画中画效果，使用这个效果可以使画面中有屏幕的视频元素呈现出你想要的其他视频内容。

- 要点提示："边角定位"效果
- 素材路径：素材 \ 第 7 章 \7.5
- 在线视频：第 7 章 \7.5 边角定位效果——边角定位
- 应用场景：街边广告屏幕
- 魅力指数：★★★★

---

01 将"大屏幕""广告"素材导入素材箱，然后将这两段素材依次拖入"时间轴"面板中，如图 7-25 所示。

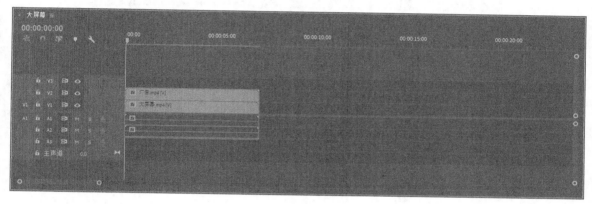

图7-25

02 打开"效果"面板，添加"视频效果" > "扭曲" > "边角定位"效果至"广告"素材上。选中"广告"素材，打开"效果控件"面板，单击"边角定位"，"节目"面板中的画面的 4 个角会出现十字星标志，如图 7-26 所示。

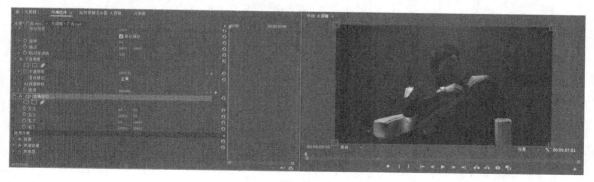

图7-26

03 分别将 4 个十字星标志拖至"大屏幕"素材中的屏幕的 4 个角上，为了方便调整细节，可以调整"节目"面板中的"选择缩放级别"参数，调整后的效果如图 7-27 所示。

图7-27

04 案例最终效果如图 7-28 所示。

图7-28

7.6 希区柯克式变焦效果——运动

希区柯克式变焦效果最早由导演希区柯克在电影《Vertigo》中运用，是在前后移动相机的同时进行变焦，使被摄主体在画面中的大小一直保持不变，而背景与被摄主体间的距离不断改变，从而呈现出一种科幻、酷炫的视觉效果。本节用一段航拍素材结合关键帧制作希区柯克式变焦效果。

- 要点提示：机位变化和运动效果
- 素材路径：素材 \ 第 7 章 \7.6
- 在线视频：第 7 章 \7.6 希区柯克式变焦效果——运动
- 应用场景：拍摄主体明确的前后运动镜头
- 魅力指数：★★★★

01 将"山峰"素材导入素材箱，然后将其拖入"时间轴"面板中，如图 7-29 所示。

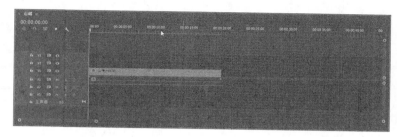

图7-29

02 选中"山峰"素材，打开"效果控件"面板，将时间针移至时间轴的开始位置，单击"运动" > "缩放"前面的"切换动画"按钮 ⊙ ，然后把时间针移至 19 秒处，将"缩放"调整为"290.0"，如图 7-30 所示。

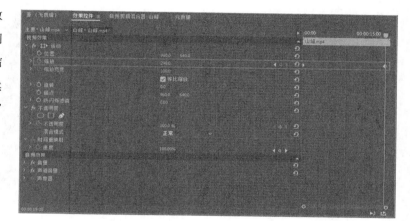

图7-30

03 案例最终效果如图 7-31 所示。

图7-31

知识拓展

- 如果是向前推进的镜头，应当通过"缩放"参数先进行放大然后逐渐缩小到原始的画面大小。

7.7 视觉错位效果——蒙版

使用蒙版工具将画面中关键位置的元素抠出来，然后配合调整"旋转"和"缩放"参数，可得到一种视觉错位效果。

- 要点提示：蒙版运动
- 素材路径：素材 \ 第 7 章 \7.7
- 在线视频：第 7 章 \7.7 视觉错位效果——蒙版
- 应用场景：视觉错位的画面
- 魅力指数：★★★★

---

01 将图片素材和音乐素材导入素材箱。新建一个高清视频序列，相关设置如图 7-32 所示。

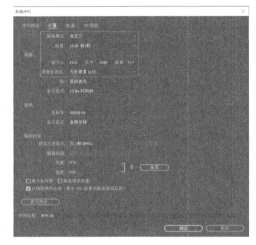

图7-32

02 将图片素材拖至"时间轴"面板中，按住 Alt 键向上拖动图片素材至 V2 轨道中，将图片素材复制一份，如图 7-33 所示。

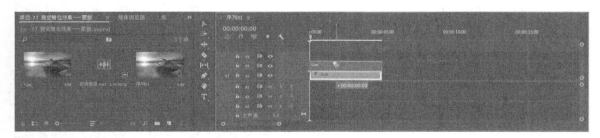

图7-33

03 单击 V1 轨道的"切换轨道输出"按钮，如图 7-34 所示。

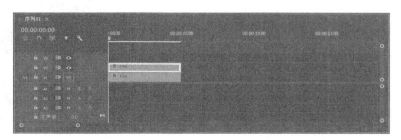

图7-34

04 选中 V2 轨道中的图片素材，打开"效果控件"面板，单击"不透明度"选项下的"创建椭圆形蒙版"按钮 ⬭，在"节目"面板中画出近似圆形的蒙版路径，并将"蒙版羽化"调整为"0.0"，如图 7-35 所示。

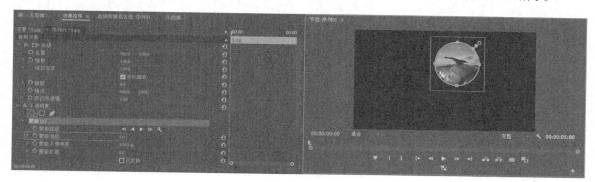

图7-35

05 按照步骤 04 的方法，在"节目"面板中画出多个近似圆形的蒙版路径，如图 7-36 所示。

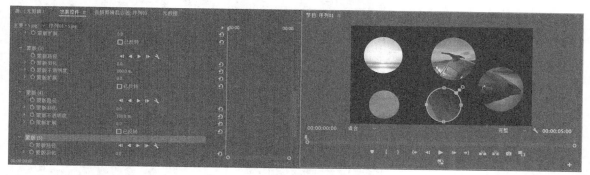

图7-36

06 将时间针移至图片素材的开始位置，单击"运动"选项下的"缩放"和"旋转"前面的"切换动画"按钮 ⏱，将"缩放"调整为"110.0"，将"旋转"调整为"−6.0°"。将时间针移至 4 秒 15 帧的位置，单击"缩放"和"旋转"后面的"重置参数"按钮 ⟲，如图 7-37 所示。

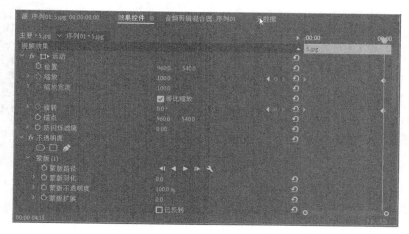

图7-37

07 单击 V1 轨道的"切换轨道输出"按钮 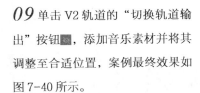，以及 V2 轨道的"切换轨道输出"按钮 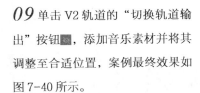，如图 7-38 所示。

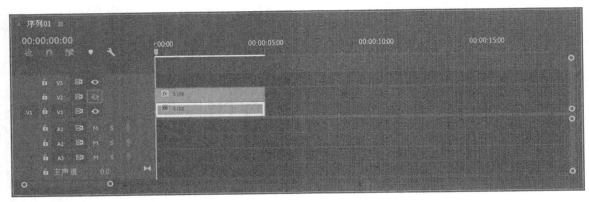

图7-38

08 选中 V1 轨道中的图片素材，打开"效果控件"面板。将时间针移至图片素材的开始位置，单击"运动"选项下"缩放"和"旋转"前面的"切换动画"按钮 ，将"缩放"调整为"120.0"，将"旋转"调整为"6.0°"。将时间针移至4秒15帧的位置，单击"缩放"和"旋转"后面的"重置参数"按钮 ，如图 7-39 所示。

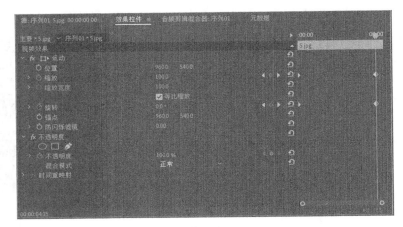

图7-39

09 单击 V2 轨道的"切换轨道输出"按钮 ，添加音乐素材并将其调整至合适位置，案例最终效果如图 7-40 所示。

知识拓展

• 上下两层图片素材的运动方式可以自定义"运动"选项下参数的设置都不是固定的。

图7-40

7.8 音乐节奏卡点剪辑——Beat Edit 插件

Beat Edit 是一个能根据音乐节奏自动剪辑的扩展插件，可以自动检测音乐的节奏并生成标记点时间线。

- 要点提示：Beat Edit 插件的使用
- 在线视频：第 7 章 \7.8 音乐节奏卡点剪辑——Beat Edit 插件
- 素材路径：素材 \ 第 7 章 \7.8
- 应用场景：音乐节奏卡点剪辑
- 魅力指数：★★★★★

---

01 将图片素材和"节奏音乐"素材导入素材箱。新建一个高清视频序列，相关设置如图 7-41 所示。

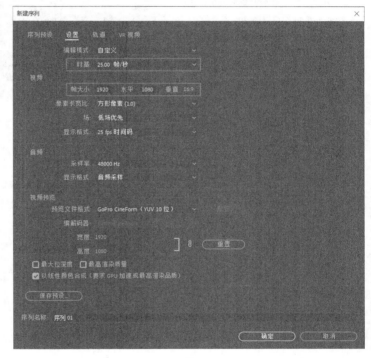

图7-41

02 将"节奏音乐"素材拖至"时间轴"面板中，如图 7-42 所示。

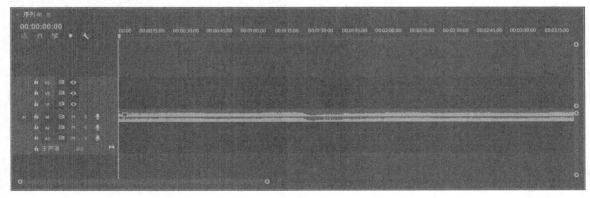

图7-42

03 执行"窗口">"扩展">"Beat Edit"命令，弹出插件窗口，如图7-43所示。

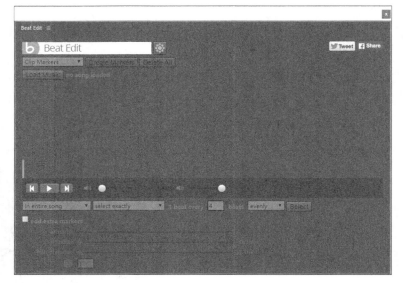

图7-43

04 单击"Load Music"（加载音乐）按钮，选择导入的"节奏音乐"素材，单击"打开"按钮，如图7-44所示。

图7-44

05 等待音乐素材加载完成，勾选"add extra markers"（添加额外的标记）复选框，将"amount"（数量）滑块调整到接近中间的位置，然后将"Clip Markers"（剪辑标记）切换为"Sequence Markers"（序列标记），最后单击"Create Markers"（创建标记）按钮，如图7-45所示。

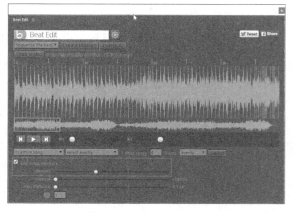

图7-45

06 这时可以看到时间轴中根据音
乐节奏创建了标记点，如图 7-46 所
示。将插件窗口关闭。

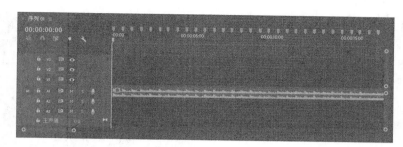

图7-46

07 根据音乐节奏调整图片素材。选中所有的图片素材，单击"自动匹配序列"按钮，如图 7-47 所示。

08 在"序列自动化"对话框中，将"放置"设置为"在未编号标记"，然后单击"确定"按钮，如图 7-48 所示。

图7-47

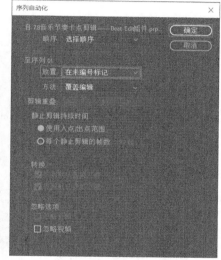

图7-48

09 这样所有的图片素材都会与"时间轴"面板中的标记点匹配，如图 7-49 所示。

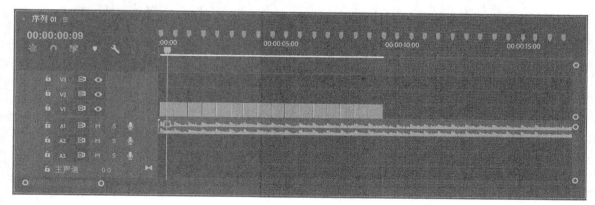

图7-49

10 案例最终效果如图 7-50 所示。

图7-50

课后习题：音乐节奏卡点练习

使用 7.8 节介绍的音乐节奏插件，结合 6.6 节介绍的翻页折叠转场，制作一段具有动感的镜头切换视频。

● 操作提示：转场效果结合音乐节奏插件　　　● 强化技能：音乐节奏卡点　　　● 难度指数：★★★★★
● 素材路径：素材 \ 第 7 章 \ 课后习题

最终效果如图 7-51 所示。

图7-51

第 **8** 章

技巧性特效

本章将对技巧性特效进行讲解，以生成性质的效果为主，此类特效的制作原理是在原始视频的基础上添加某种效果以改变其中的某种元素，或者通过多种素材的组合使原始视频呈现另外一种风格。

8.1 移动的马赛克——马赛克

马赛克是一种常用的画面处理手段，可以使画面局部模糊，其模糊效果是由一个个矩形组成的。马赛克效果常用于遮挡画面中需要模糊的部分。

● 要点提示：自动跟踪功能　　　　● 在线视频：第 8 章 \8.1 移动的马赛克——马赛克

● 素材路径：素材 \ 第 8 章 \8.1　　● 应用场景：需进行遮挡处理的视频　　　　　● 魅力指数：★ ★ ★

01 将 "行驶的汽车" 素材导入素材箱，然后将其拖至 "时间轴" 面板中，如图 8-1 所示。

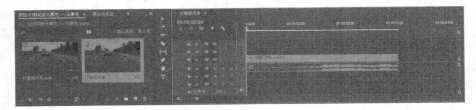

图8-1

02 打开 "效果" 面板，将 "视频效果" > "扭曲" > "马赛克" 效果添加至 "行驶的汽车" 素材上。打开 "效果控件" 面板，将 "马赛克" 选项下的 "水平块" 和 "垂直块" 都调整为 "150"，如图 8-2 所示。

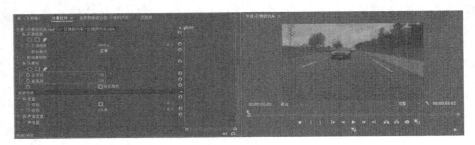

图8-2

03 将时间针移至 "行驶的汽车" 素材的开始位置，单击 "马赛克" 选项下的 "创建 4 点多边形蒙版" 按钮■，在 "节目" 面板中绘制蒙版路径，使其和画面中车牌的位置、大小一致，如图 8-3 所示。为了方便调整蒙版路径，可以调整 "节目" 面板中的 "选择缩放级别" 参数。

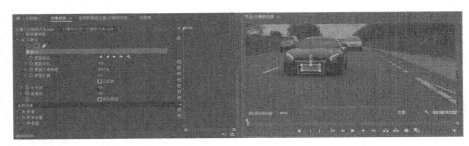

图8-3

04 单击"向前跟踪所选蒙版"按钮 ▶ ，跟踪车牌的移动轨迹，然后等待跟踪完成，如图 8-4 所示。

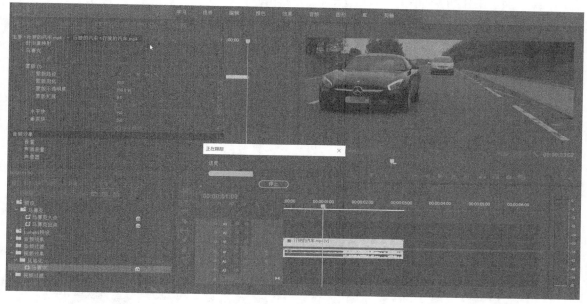

图8-4

05 案例最终效果如图 8-5 所示。

图8-5

8.2 铅笔画风格——查找边缘

应用"查找边缘"效果的视频素材最好具有明显的边界和强烈的线条感，这样制作出来的视频的风格才能更接近铅笔画风格。

● 要点提示："黑白""查找边缘"效果　　　● 在线视频：第 8 章 \8.2 铅笔画风格——查找边缘
● 素材路径：素材 \ 第 8 章 \8.2　　　　　● 应用场景：主体边缘明显的画面　　　● 魅力指数：★★★

01 将"海鸥"素材导入素材箱，然后将其拖至"时间轴"面板中，如图 8-6 所示。

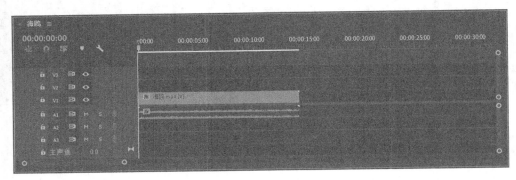

图8-6

02 新建一个调整图层并将其拖至 V2 轨道中，调整其长度与"海鸥"素材一致，打开"效果"面板，通过搜索找到"黑白"和"查找边缘"效果，然后将其添加至"调整图层"素材上，如图 8-7 所示。

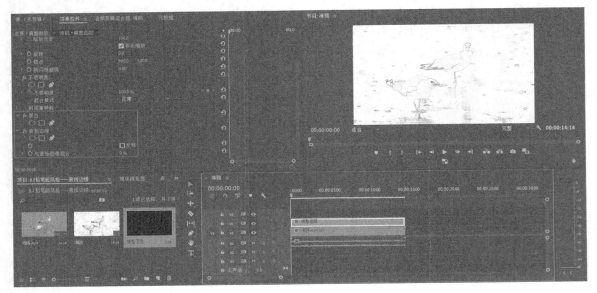

图8-7

03 选中"调整图层"素材，将时
间针移至开始位置，单击"位置"
前面的"切换动画"按钮 ⑥，将代
表 *x* 轴坐标的参数值改为"-960.0"，
然后将时间针移至 3 秒的位置，单
击"位置"后面的"重置参数"按
钮 ⟲，如图 8-8 所示。

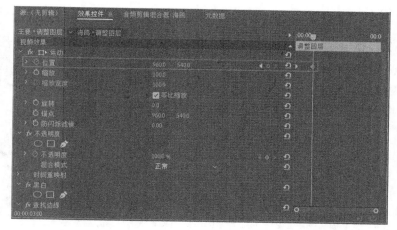

图8-8

04 案例最终效果如图 8-9 所示。

图8-9

8.3 漫画风格——棋盘

漫画风格除了可以用于转化整体的视频风格外，还经常用于故事类视频开场的定格人物介绍的画面。

- 要点提示："棋盘""色调分离"效果
- 在线视频：第 8 章 \8.3 漫画风格——棋盘
- 素材路径：素材 \ 第 8 章 \8.3
- 应用场景：视频开场人物介绍
- 魅力指数：★★★★

01 将"金发女孩"素材和音乐素材导入素材箱，然后将视频素材拖至"时间轴"面板中，如图 8-10 所示。

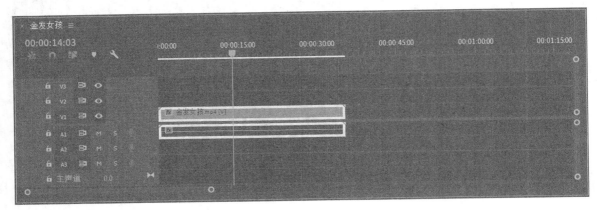

图8-10

02 打开"效果"面板，将"视频效果" > "生成" > "棋盘"效果添加至"金发女孩"素材上，选中"金发女孩"素材。打开"效果控件"面板，将"棋盘"选项下的"大小依据"调整为"宽度和高度滑块"、"宽度"调整为"1.0"、"高度"调整为"1.0"、"混合模式"调整为"叠加"，如图 8-11 所示。

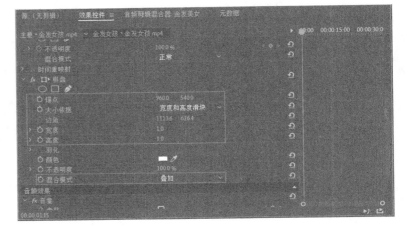

图8-11

03 将"视频效果" > "风格化" > "色调分离"效果添加至"金发女孩"素材上，打开"效果控件"面板，将"色调分离"选项下的"级别"调整为"4"，如图 8-12 所示。

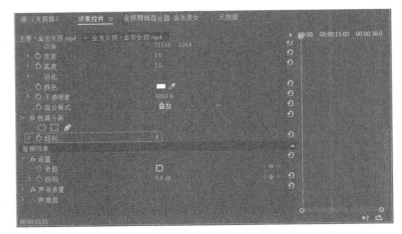

图8-12

04 添加音乐素材并将其调整至合适位置，案例最终效果如图 8-13 所示。

图8-13

8.4 童话中的梦幻世界——高斯模糊

改变视频的混合模式，可以使两种不同效果的视频以不同方式进行混合，从而得到多种不同风格的画面。

- 要点提示：混合模式
- 素材路径：素材 \ 第 8 章 \8.4
- 在线视频：第 8 章 \8.4 童话中的梦幻世界——高斯模糊
- 应用场景：航拍夜景
- 魅力指数：★★★★

01 将"城市夜景"素材导入素材箱，然后将其拖至"时间轴"面板中。新建一个调整图层并将其拖至 V2 轨道中，将"调整图层"素材的长度调整至与"城市夜景"素材的长度一致，如图 8-14 所示。

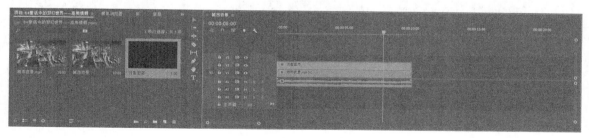

图8-14

02 打开"效果"面板，将"视频效果" > "模糊与锐化" > "高斯模糊"效果添加至"调整图层"素材上。在"效果控件"面板中将"高斯模糊"选项下的"模糊度"调整为"50.0"、"模糊尺寸"调整为"水平和垂直"，勾选"重复边缘像素"复选框，然后将"混合模式"调整为"滤色"、"不透明度"调整为"70.0%"，如图 8-15 所示。

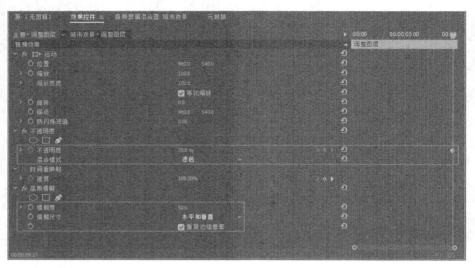

图8-15

03 打开"Lumetri 颜色"面板，将"对比度"调整为"30.0"、"高光"调整为"13.0"、"阴影"调整为"-8.0"、"白色"调整为"35.0"，如图 8-16 所示。

图8-16

04 案例最终效果如图8-17所示。

图8-17

8.5 复古画质——波形变形

将正常画质的视频转化为复古画质的视频的思路是：将画面整体色调调至泛黄，然后加入划痕和噪点元素。

- 要点提示："波形变形"效果
- 素材路径：素材 \ 第 8 章 \8.5
- 在线视频：第 8 章 \8.5 复古画质——波形变形
- 应用场景：老电影、具有年代感的视频
- 魅力指数：★ ★ ★ ★

01 将"吉他""噪波"素材导入素材箱，然后将其依次拖入"时间轴"面板中，如图 8-18 所示。

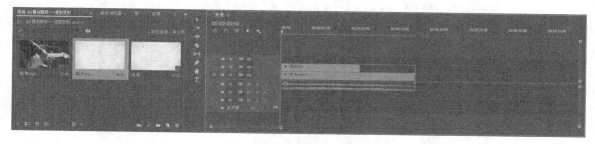

图8-18

02 选中"噪波"素材，打开"效果控件"面板，将"不透明度"选项下的"混合模式"改为"柔光"，如图 8-19 所示。

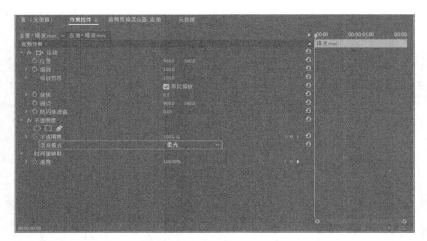

图8-19

03 新建一个调整图层并将其拖至 V3 轨道中，将"调整图层"素材的长度调整至与"噪波"素材的长度一致。为"调整图层"素材添加"视频效果">"扭曲">"波形变形"效果，如图 8-20 所示。

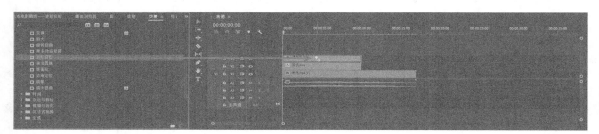

图8-20

04 选中"调整图层"素材，打开"效果控件"面板，将"波形变形"选项下的"波形类型"设置为"杂色"、"波形高度"调整为"3"、"波形宽度"调整为"5"、"方向"调整为"180.0°"、"波形速度"调整为"3.0"，如图 8-21 所示。

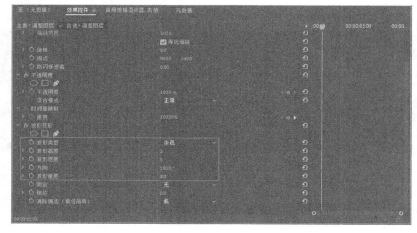

图8-21

05 打开"Lumetri 颜色"面板，单击"色轮和匹配"，分别将"阴影""中间调""高光"3 个色轮都向黄色方向调整，如图 8-22 所示。

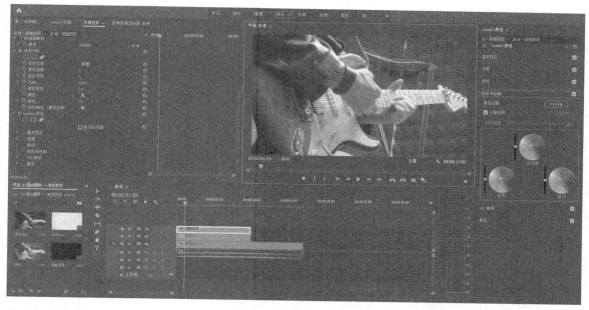

图8-22

06 案例最终效果如图 8-23 所示。

图8-23

8.6 双重曝光——混合模式

双重曝光是一种摄影手法，指在同一张底片上进行多次曝光，让影像重叠在同一底片上，本节根据同样的原理，用视频的形式来实现双重曝光效果。

- 要点提示：混合模式
- 素材路径：素材 \ 第 8 章 \8.6
- 在线视频：第 8 章 \8.6 双重曝光——混合模式
- 应用场景：具有意境的视频
- 魅力指数：★★★★

01 将"夜景延时""求婚"素材导入素材箱，然后将其依次拖入"时间轴"面板中，如图 8-24 所示。

图8-24

02 选中"求婚"素材，打开"效果控件"面板，将"不透明度"选项下的"混合模式"改为"变亮"，如图 8-25 所示。

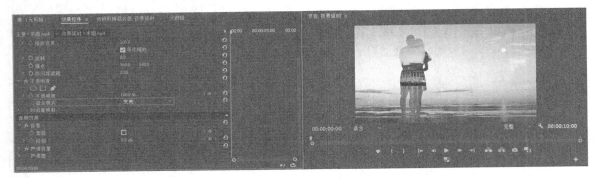

图8-25

03 选中"求婚"素材，然后打开
"Lumetri 颜色"面板，单击"基
本校正"，将"对比度"调整为
"-55.0"、"高光"调整为"40.0"、
"阴影"调整为"-60.0"、"白色"
调整为"60.0"、"黑色"调整为
"-50.0"，如图 8-26 所示。

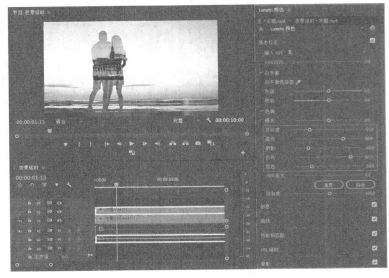

图8-26

04 案例最终效果如图 8-27 所示。

图8-27

知识拓展

● 步骤 03 的思路是让画面的亮部更亮，暗部更暗。

8.7 镜像效果——镜像

使用"镜像"可以做出"上下对称"或"左右对称"的画面效果，常用于超现实的场景，给人一种梦境与现实交错的感觉。

● 要点提示："镜像"效果　　● 在线视频：第 8 章 \8.7 镜像效果——镜像
● 素材路径：素材 \ 第 8 章 \8.7　　● 应用场景：城市视频、自然风景视频　　　　　● 魅力指数：★★★★★

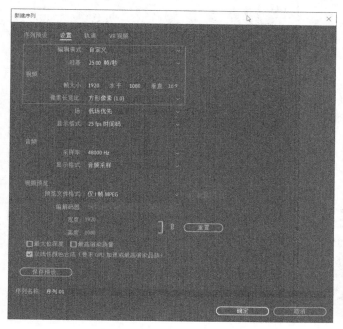

图8-28

01 将"镜像（一）"素材导入素材箱。新建一个高清视频序列，相关设置如图 8-28 所示。

02 将"镜像（一）"素材拖入"时间轴"面板中，由于"镜像（一）"是 4K 素材，与序列不匹配，因此会弹出"剪辑不匹配警告"对话框，此时单击"保持现有设置"按钮即可，如图 8-29 所示。

图8-29

03 选中"镜像（一）"素材，打
开"效果控件"面板，将"运动"
选项下的"缩放"调整为"70.0"，
将时间针移至开始位置，单击"位
置"前面的"切换动画"按钮 ◎ ，
将代表 y 轴坐标的参数值调整为
"700.0"，然后将时间针移至 7 秒
的位置，将代表 y 轴坐标的参数值
调整为"360.0"，如图 8-30 所示。

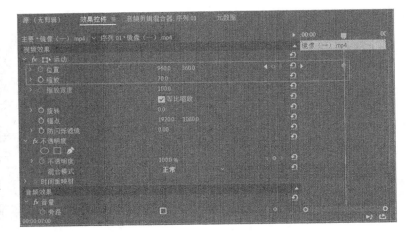

图8-30

04 打开"效果"面板，给"镜像（一）"素材添加"镜像"效果。将时间针移至"镜像（一）"素材的开始位置，
将"镜像"选项下的"反射角度"调整为"90.0°"、"反射中心"中代表 y 轴坐标的参数值调整为"930.0"，
如图 8-31 所示。

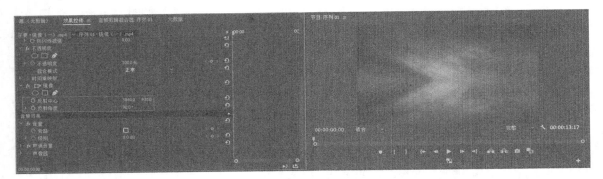

图8-31

05 单击"镜像"选项下"反射中
心"前面的"切换动画"按钮 ◎ ，
将时间针移至 7 秒处，然后将"反
射中心"中代表 y 轴坐标的参数值
调整为"1400.0"，如图 8-32 所示。

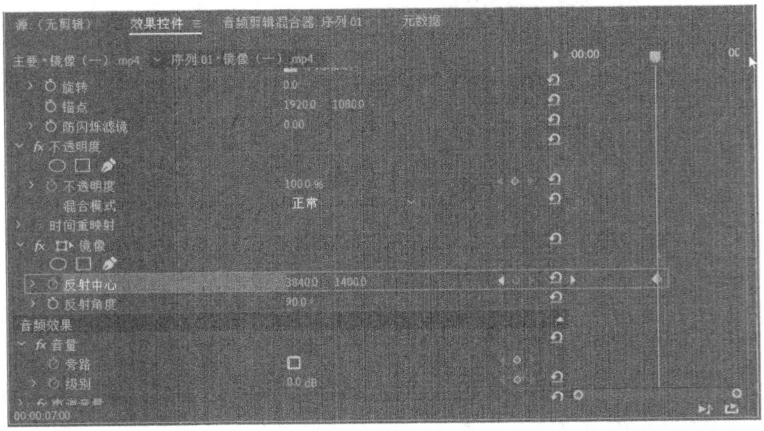

图8-32

06 同时选中"位置"和"反射中心"关键帧，单击鼠标右键，执行"临时插值"＞"自动贝塞尔曲线"命令，如图 8-33 所示。

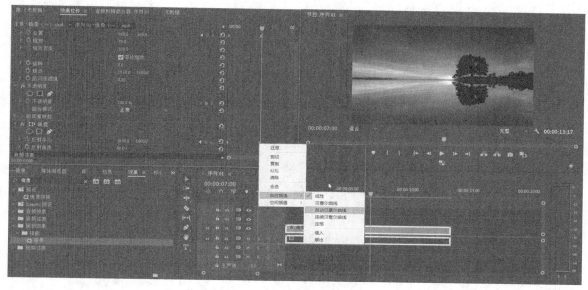

图8-33

07 案例最终效果如图 8-34 所示。

图8-34

8.8 人物磨皮——Beauty Box 插件

Beauty Box 插件可自动识别皮肤区域并创建调整选区，用户通过调整平滑参数即可对皮肤进行修饰。

- 要点提示：平滑参数的调整
- 素材路径：素材 \ 第 8 章 \8.8
- 在线视频：第 8 章 \8.8 人物磨皮——Beauty Box 插件
- 应用场景：人物容貌优化
- 魅力指数：★★★★

---

01 将"女孩"素材导入素材箱，然后将其拖至"时间轴"面板中，如图8-35所示。

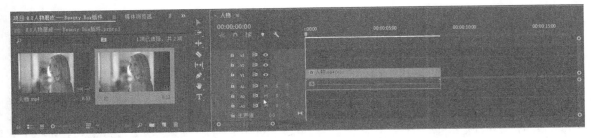

图8-35

02 打开"效果"面板，将"Beauty Box"效果拖至"人物"素材上。选中"人物"素材，打开"效果控件"面板，将"Mode"（模式）调整为"Add Color"（添加颜色），勾选"Show Mask"（显示遮罩）复选框，在"节目"面板中单击人物皮肤的部分，然后将"Hue Range"（色相范围）调整为"6.0%"、"Saturation Range"（饱和度范围）调整为"6.0%"、"Value Range"（取值范围）调整为"12.0%"，如图8-36所示。

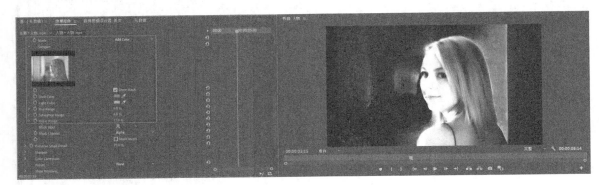

图8-36

03 取消勾选"Show Mask"（显示遮罩）复选框，将"Smoothing Amount"（平滑数量）调整为"40.00"、"Skin Detail Smoothing"（肤色细节平滑）调整为"50.00"、"Contrast Enhance"（对比度增强）调整为"35.00"，如图8-37所示。

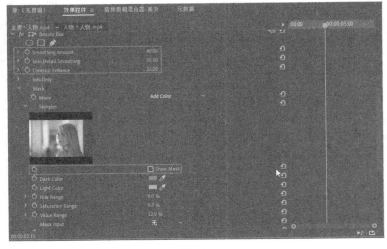

图8-37

04 案例最终效果如图 8-38 所示。

图8-38

● "Hue Range" "Saturation Range" "Value Range" 参数的值不是固定的，调整三者的数值，可以精确地选中皮肤的范围。

课后习题：镜像效果拓展

参照 8.7 节介绍的"镜像"效果，使用不同的拼接方向制作一段连续的镜像视频。

● 操作提示：　"镜像"效果结合运动关键帧　　　● 强化技能：　"镜像"效果的用法　　　● 难度指数：★★★★★
● 素材路径：素材 \ 第 8 章 \ 课后习题

最终效果如图 8-39 所示。

图8-39

第 **9** 章

调色基础知识

　　从客观的角度来说，调色是为了从形式上更好地表达视频内容，合理搭配色彩可以烘托气氛，也可以改变视频的风格，甚至对整体的剧情把控都可以起到决定性作用。本章将从基础的色彩理论知识到整体的风格化调色进行逐一讲解，调色需要遵循的原则是：不夸张、不炫技，符合视频主题。

9.1 色彩的理论知识

本节从两个方面来讲解，先讲解色彩的 3 个基本属性，然后讲解色彩的加色模式和减色模式。

9.1.1 色彩的基本属性

色彩的 3 个基本属性的英文缩写分别是 H、S、L，分别代表色相、饱和度、亮度，下面对这 3 个属性逐一进行讲解。

色相（H）。色相是色彩的基本属性，代表肉眼能感知的色彩范围，也是区别不同色彩信息的重要特征，色相示意图如图 9-1 所示。

图9-1

饱和度（S）。饱和度是指色彩的纯度，饱和度越高，色彩越浓，否则色彩越淡，也可以理解为色彩中的灰色越多，色彩就越淡，饱和度示意图如图 9-2 所示。

图9-2

亮度（L）。亮度是指色彩的明暗程度，亮度越低，色彩越暗，趋近黑色；亮度越高，色彩越亮，趋近白色，亮度示意图如图 9-3 所示。

图9-3

9.1.2 RGB 和 CMYK 色彩模式

R、G、B 分别指红色、绿色、蓝色，又称为光的三原色。RGB 色彩模式是一种加色模式，也就是它的成色原理是颜色相加，即红色＋绿色＝黄色、红色＋蓝色＝品红色、绿色＋蓝色＝青色、红色＋绿色＋蓝色＝白色，这其中又分为相邻色和互补色，例如，红色的相邻色是黄色和品红色，红色的互补色是青色。在实际调色过程中，相邻色和互补色非常重要。例如，要增加画面中的红色，那么可以通过增加它的相邻色或者减少它的互补色来实现，如增加品红色和黄色或者减少青色。RGB 色彩模式的成色原理示意图如图 9-4 所示。

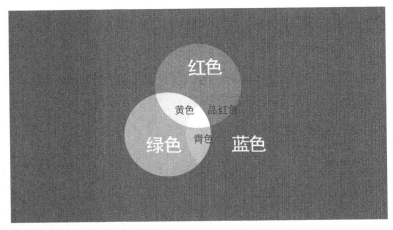

图9-4

C、M、Y 分别指青色、品红色、黄色，又称为印刷三原色。CMYK 色彩模式一般在打印中比较常用，是一种减色模式，具体表现是青色 + 品红色 + 黄色 = 黑色。CMYK 色彩模式的成色原理示意图如图 9-5 所示。

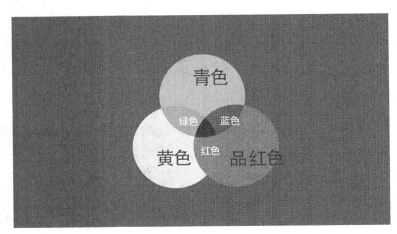

图9-5

知识拓展

- "CMYK 中的 K 代表黑色。

9.2 认识示波器

由于人眼长时间看同一种画面就会适应当前的色彩环境，看到的画面色彩会存在误差，因此在调色时需要借助标准的色彩显示工具（示波器）来分析色彩的各个属性。本节讲解 3 种比较常用的示波器。

◢ 9.2.1 分量图

　　分量图主要用来观察画面中红色、绿色、蓝色的色彩平衡，通过 RGB 色彩模式的加色原理解决素材画面的偏色问题。在图 9-6 中，肉眼可以看出"节目"面板中的画面整体是偏黄色的，从 RGB 分量图中可以看出红色和绿色偏多，结合 RGB 的加色原理（红色 + 绿色 = 黄色），就不难判断出画面整体偏黄色的原因。

图9-6

　　RGB 分量图左侧的 0~100 的数值代表亮度值，从上到下大概分为 3 个部分：高光区、中间调区、阴影区。从图 9-6 可以看到红色和绿色偏多的部分主要集中在高光区，这时只要将"高光"色轮向黄色的互补色方向调整，即可让红色、绿色、蓝色 3 个通道达到平衡，如图 9-7 所示。

图9-7

9.2.2　波形图

波形图可以看作分量图的合体，通过它可以实时预览画面的色彩和亮度信息。波形图的纵坐标 0~100 表示亮度值，横坐标代表横向空间位置对应像素的色度信息。在调色时，波形的阴影部分通常处于刻度 10 附近，高光部分通常处于刻度 90 附近，此时可认为曝光正常，特殊情况除外，如图 9-8 所示。

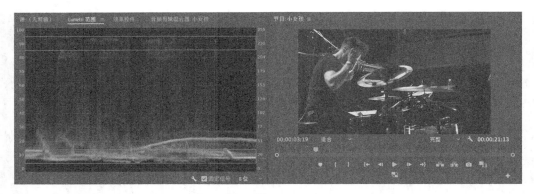

图9-8

如果波形的高光区溢出画面，则曝光过度，如图 9-9 所示。

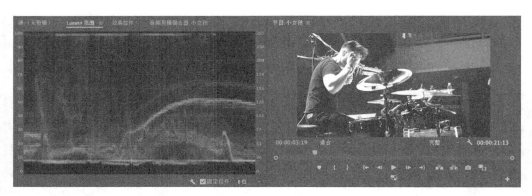

图9-9

如果波形的阴影区溢出画面，则会丢失暗部细节，如图 9-10 所示。

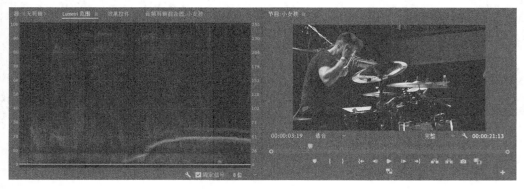

图9-10

◥ 9.2.3　矢量示波器

通过矢量示波器可查看色彩的倾斜方向和饱和度，可以将它看成一个色环，白色信息部分由中心位置向外扩散，白色信息部分倾斜的方向就是画面趋近的色相，白色信息部分距离中心点越远，则相应方向的画面的饱和度就越高。除此之外，通过矢量示波器还可以观察画面中色彩的搭配，如图 9-11 所示。

图9-11

在矢量示波器中，六边形代表的是饱和度的安全线，如果白色信息部分超出六边形的范围，则会出现饱和度过高的情况，如图 9-12 所示。

图9-12

Y（黄色）和 R（红色）中间的线叫作"肤色线"，当用蒙版只选中人物皮肤时，若白色信息部分与肤色线部分几乎重合，则表示人物肤色正常，不偏色，如图 9-13 所示。

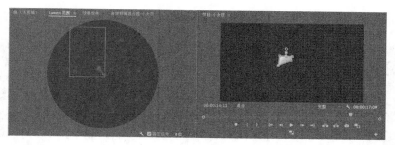

图9-13

知识拓展

● 通过"Lumetri 范围"面板下侧的"设置"按钮 ↘ 可以切换示波器的类型。

9.3 "Lumetri 颜色"面板

　　"Lumetri 颜色"面板是 Premiere Pro CC 中常用的调色工具，其中包含"基本校正""创意""曲线""色轮和匹配""HSL 辅助"等多种工具，通常在"Lumetri 颜色"面板内就可以完成一级调色和二级调色。本节结合比较常用的工具和参数对调色进行详细讲解。

9.3.1 基本校正

　　将调色素材导入"时间轴"面板中，然后切换到"颜色"工作区，打开"Lumetri 范围"面板，如图 9-14 所示。

图9-14

小提示

为了对比说明不同调色工具的平衡关系，下面的调整均以图 9-14 为参照图。

　　"基本校正"部分包含"白平衡"和"色调"两个选项，下面对选项内的常用参数逐一进行讲解。

　　"白平衡选择器"参数。"白平衡选择器"参数是自动调整白平衡的一种工具，在使用时只需要单击"吸管工具"按钮，然后吸取画面中的中间色部分，一般选择白色或者灰色部分，软件就会自动校正画面的偏色，如图 9-15 所示。需要注意的是，如果在拍摄中没有使用标准的色卡，那么校正效果会有不同程度的偏差。

图9-15

"色温"参数和"色彩"参数。这两个参数的原理就是之前讲到的互补色，整体画面存在偏色时，可以按照"想要减少画面中的某种颜色，只要增加它的互补色"这一思路进行调整，还可以为了实现某种风格而让画面偏向某一种颜色。例如，要将画面调整为整体偏冷色调，只需要将"色温"参数向蓝色方向调整，如图 9-16 所示。

图9-16

"曝光"参数。从调光的角度来讲，调整"曝光"是对画面中的所有元素进行整体的亮度调整，即将亮度整体升高或者降低。例如，将"曝光"调整至"2.0"，可以看出画面的整体亮度升高，从分量图来看，红色、绿色、蓝色 3 个通道整体向高光区集中，如图 9-17 所示。

图9-17

"对比度"参数。对比度在画面效果中的作用非常关键，一般来说，对比度越大，画面的层次感越强，画面细节越突出，画面越清晰。例如，将"对比度"调整至"100.0"，可以看出画面的清晰度升高，从分量图来看，红色、绿色、蓝色 3 个通道均向上下两端延伸，如图 9-18 所示。

图9-18

　　"高光"参数和"白色"参数。"高光"参数和"白色"参数都用于调整画面中较亮部分的色彩信息，下面用两组极端值对比两者的区别。将"高光"调整至"100.0"，可以看出画面的高光部分变亮，从分量图来看，红色、绿色、蓝色 3 个通道的亮部向高光区集中，且阴影区的信息保留，如图 9-19 所示。

图9-19

　　将"白色"调整至"100.0"，可以看出画面的高光部分变亮，从分量图来看，红色、绿色、蓝色 3 个通道的亮部和阴影部分均向高光区集中，如图 9-20 所示。

图9-20

　　从以上两组极端值的对比可以看出，"高光"参数和"白色"参数的共同点是都可以增加画面的亮部信息，其中"高光"参数增加亮部信息的幅度较小，会保留阴影部分的细节；"白色"参数增加亮部信息的幅度较大，不保留阴影部分的细节。

　　"阴影"参数和"黑色"参数。"阴影"参数和"黑色"参数都用于调整画面中暗部的色彩信息，下面用两组极端值对比两者的区别。将"阴影"调整至"-100.0"，可以看出画面的大部分区域变暗，从分量图来看，红色、绿色、蓝色 3 个通道的暗部和少量亮部向阴影区集中，如图 9-21 所示。

图9-21

将"黑色"调整至"-100.0",可以看出画面的阴影部分变暗,从分量图来看,红色、绿色、蓝色 3 个通道的暗部向阴影区集中,有少量的暗部信息溢出,如图 9-22 所示。

图9-22

从以上两组极端值的对比可以看出,"阴影"参数和"黑色"参数的共同点是都可以增加画面的暗部信息,其中"阴影"参数增加暗部信息的幅度较小,但是会影响画面中的亮部信息;"黑色"参数增加暗部信息的幅度较大,基本不会影响画面中的亮部信息。

9.3.2　曲线

将调色素材导入"时间轴"面板中,然后切换到"颜色"工作区,打开"Lumetri 范围"面板,如图 9-23 所示。

图9-23

"曲线"部分的"RGB 曲线"选项中包括 4 种模式,分别是 RGB 模式、红色模式、绿色模式、蓝色模式。其中常用模式的介绍如下。

RGB 模式:用于调整整体画面的色彩亮度,x 轴大致可以分为阴影区、中间调区、高光区,y 轴代表色彩的亮度值,如图 9-24 所示。

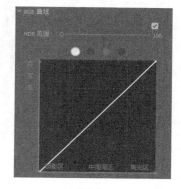

图9-24

演示：增加整体画面的对比度，就是让亮部更亮、暗部更暗，在白色线上单击，添加 3 个标记点，向上拖动高光区的标记点，向下拖动阴影区的标记点，示意图和画面效果如图 9-25 所示。

图9-25

红色模式：用于调整画面中红色通道的亮度，x 轴大致可以分为阴影区、中间调区、高光区，y 轴代表红色的亮度值，如图 9-26 所示。绿色模式和蓝色模式同理。

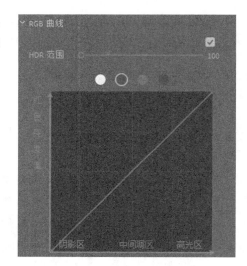

图9-26

演示：增加画面中高光区的红色信息，在阴影区和中间调区添加4个标记点，然后将高光区的标记点向上拖动，示意图和画面效果如图9-27所示。

图9-27

● 在阴影区和中间调区添加 4 个标记点的目的是使阴影区和中间调区不受高光区调整的影响。

9.3.3 色轮和匹配

"色轮和匹配"选项中包含"阴影""中间调""高光"3 种色轮，每个色轮分为色环和滑块两部分，色环用于控制画面中的色相，滑块用于控制画面中的明暗程度，其调色原理和"RGB 曲线""基本校正"部分的参数的原理相同，区别在于用色环调整色相更加直观，如图 9-28 所示。

图9-28

演示：在分量图中将画面的高光部分和阴影部分分别调至刻度 90 和刻度 10 附近，增加画面的对比度，然后将画面的高光部分调至偏蓝色，将阴影部分调至偏黄色，使人物和背景形成冷暖色调的对比，如图 9-29 所示。

图9-29

9.3.4　HSL 辅助

结合 9.1.1 小节介绍的色彩的基本属性的知识，本节主要讲解如何通过色彩的这 3 种基本属性建立颜色选区，以单独调整画面中某一部分的色彩而不影响画面中其他色彩的信息，调色界面如图 9-30 所示。

图9-30

从上图中可以看出红花和背景之间差异最大的基本属性是色相，单击"吸管工具"按钮，吸取红花部分的颜色，然后勾选"彩色 / 灰色"复选框查看选区情况，接着通过单击按钮和按钮，在画面中添加或者删除不需要的选区，即可利用色相、饱和度、亮度这 3 种色彩属性选取红花，如图 9-31 所示。

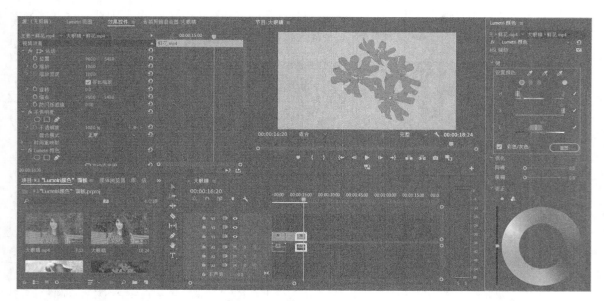

图9-31

选区确定好之后，结合实际情况调整色彩参数，如图9-32所示。

图9-32

以上就是结合色相、饱和度、亮度3种基本属性建立颜色选区的基本操作。对于复杂的画面，还需要借助色彩的其他属性，才能达到局部调色的目的。

知识拓展

● "基本校正""曲线""色轮"三者的作用是相似的，在调色时结合画面的实际情况选择其中一种进行校正即可。

课后习题：色彩的基础矫正

使用"基本矫正"工具和"曲线"工具对画面颜色进行调整，通过调整曝光、对比度、曲线等参数，并参考示波器使画面颜色正常，对比效果如图9-33所示。

● 操作提示：理解示波器的用法 ● 强化技能：调色基础 ● 难度指数：★ ★ ★
● 素材路径：素材 \ 第 9 章 \ 课后习题

图9-33

第 **10** 章

调色技巧实战

本章主要讲解画面中色彩的应用，通过建立选区、调整色相饱和度曲线、色彩搭配、LUT 的使用等方法和技巧教读者如何为视频调色，然后介绍 Log 素材的分级调色，帮助读者了解调色的相关知识。

10.1 保留那一抹绚烂

只保留画面中的某一种色彩，营造深层次的氛围，影片《辛德勒的名单》就用到了这种调色方法。

- 要点提示："保留色彩"效果
- 素材路径：素材 \ 第 10 章 \10.1
- 在线视频：第 10 章 \10.1 保留那一抹绚烂
- 应用场景：色差较大的画面
- 魅力指数：★★★

01 将"鲜花"素材导入素材箱，然后将其拖至"时间轴"面板中，如图 10-1 所示。

图10-1

02 打开"效果"面板，为"鲜花"素材添加"视频效果" > "颜色校正" > "保留颜色"效果，选中"鲜花"素材，打开"效果控件"面板，如图 10-2 所示。

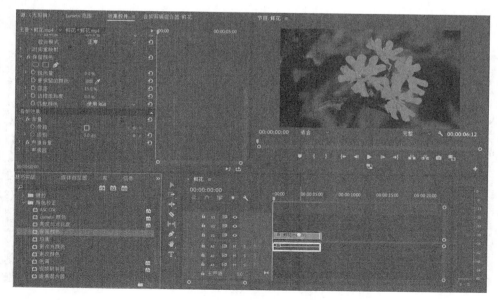

图10-2

03 单击"吸管工具"按钮 ，吸取画面中红花的颜色，将"脱色量"调整为"100.0%"、"容差"调整为"36.0%"，如图 10-3 所示。

04 案例最终效果如图 10-4 所示。

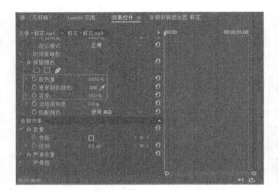

图10-3

图10-4

10.2 春夏秋冬任你选

改变画面中植被的颜色，可以实现切换季节的效果。

- 要点提示：色相饱和度曲线
- 素材路径：素材 \ 第 10 章 \10.2
- 在线视频：第 10 章 \10.2 春夏秋冬任你选
- 应用场景：自然环境的画面
- 魅力指数：★★★★

01 将"心形树"素材导入素材箱，然后将其拖至"时间轴"面板中，如图 10-5 所示。

图10-5

02 单击"Lumetri 颜色">"曲线">"色相饱和度曲线">"色相与色相"选项中的"吸管工具" <img_1 />按钮，吸取画面中树叶的颜色，如图 10-6 所示。

图10-6

03 将色相与色相曲线中间的标记点向下拖动，然后微调两端的标记点，使画面中原来为红色的区域完全变为绿色，如图 10-7 所示。

04 案例最终效果如图 10-8 所示。

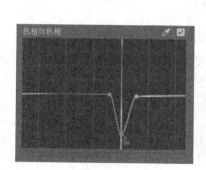

图10-7

图10-8

知识拓展

● 可参考上述案例的操作思路进行练习，充分发挥色相饱和度曲线的强大功能。

10.3 日系小清新调色

日系小清新风格的调色思路：画面的整体较亮，色彩搭配相对淡雅，色调偏青绿色，画面暗部较浅，对比度较小。

- 要点提示：选区调整
- 素材路径：素材 \ 第 10 章 \10.3
- 在线视频：第 10 章 \10.3 日系小清新调色
- 应用场景：日系小清新风格的画面
- 魅力指数：★ ★ ★ ★

01 将"清纯"素材导入素材箱，然后将其拖至"时间轴"面板中，如图 10-9 所示。

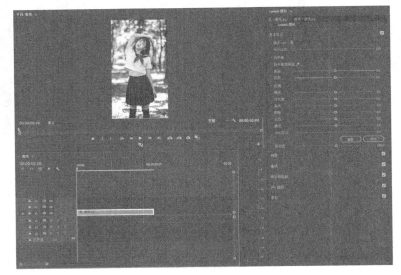

图10-9

02 根据调色思路，调整画面的白平衡和亮度。在"Lumetri 颜色"面板中将"色温"调整为"-10.0"、"对比度"调整为"28.0"、"高光"调整为"-9.0"、"阴影"调整为"20.0"，如图 10-10 所示。

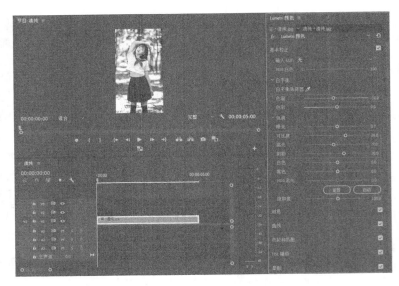

图10-10

03 单击"HSL 辅助",单击"吸管工具"按钮,吸取背景中的绿色,勾选"彩色 / 灰色"复选框,如图 10–11 所示。

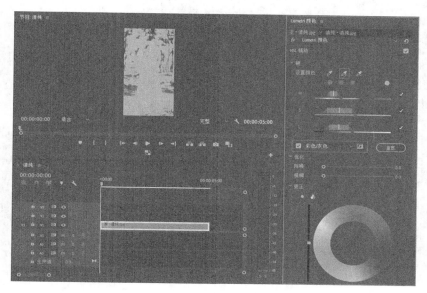

图10-11

04 分别调整 H、S、L 的滑块,以得到精确的选区,如图 10–12 所示。

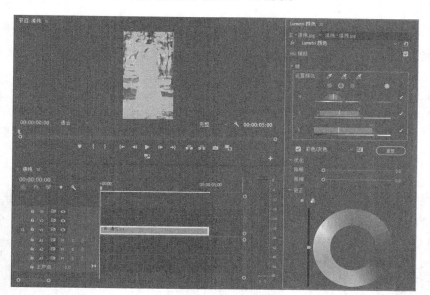

图10-12

05 增加选区的柔和度。将"模糊"调整为"6.0",然后将色轮向青色方向调整,最后取消勾选"彩色 / 灰色"复选框,如图 10–13 所示。

06 案例最终效果如图 10–14 所示。

图10-13　　　　　　　　　　　　　　　　　　　　　图10-14

10.4 一键调色

色彩匹配的本质是将画面 A 的主要色调复制到画面 B 中。

- 要点提示：色彩匹配　　　　　　　　● 在线视频：第 10 章 \10.4 一键调色
- 素材路径：素材 \ 第 10 章 \10.4　　　● 应用场景：调色　　　　　　　　　　● 魅力指数：★★★★★

01 将"金秋""轨道"素材导入素材箱，然后将这两段素材拖至"时间轴"面板中，如图 10-15 所示。

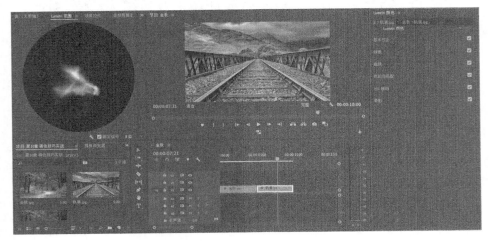

图10-15

02 将时间针移至"轨道"素材所在的位置，在"Lumetri 颜色">"色轮和匹配"选项下单击"比较视图"按钮，如图 10-16 所示。

图10-16

03 "节目"面板中的画面包含"参考"和"当前"两部分，选定"参考"画面后，单击"应用匹配"按钮，"当前"画面就会自动匹配"参考"画面的色彩，如图 10-17 所示。

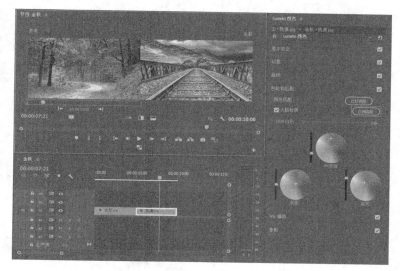

图10-17

04 案例最终效果如图 10-18 所示。

图10-18

10.5 电影感 LUT 预设

LUT（Look-Up-Table）的含义是显示查找表，本质上就是一个 RAM（Random Access Memory，随机存取存储器），用于保存调整好的色彩信息，以后可直接套用。

- 要点提示：选择合适的 LUT
- 素材路径：素材 \ 第 10 章 \10.5
- 在线视频：第 10 章 \10.5 电影感 LUT 预设
- 应用场景：调色
- 魅力指数：★ ★ ★ ★

01 将"秋千"素材导入素材箱，然后将其拖至"时间轴"面板中，如图 10-19 所示。

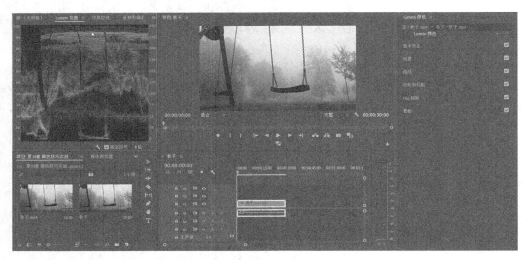

图10-19

02 从"Lumetri 颜色" > "创意" > "Look"下拉列表中选择"浏览"选项，如图 10-20 所示。

图10-20

03 选择预先准备好的"电影感冷色调"LUT，单击"打开"按钮，如图 10-21 所示。

图10-21

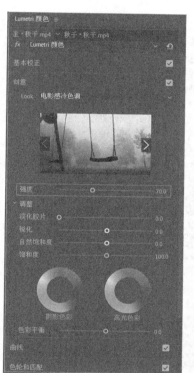

图10-22

04 预设添加好之后，可以根据实际情况和个人喜好调整该预设的强度，如图 10-22 所示。

05 案例最终效果如图 10-23 所示。

图10-23

10.6 Log 素材分级调色

近几年推出的相机、微单的录制视频功能都有 Log 模式，如索尼的 S-Log、佳能的 C-Log、松下的 V-Log、大疆的 D-Log 等，在 Log 模式下录制的视频的对比度、饱和度都较低，呈现一种"灰片"的效果。Log 素材的优势在于比较包容，后期调色时有更大的发挥空间。在调色前先要将 Log 素材转换成 Rec.709 的色彩标准的素材，然后进行整体的色彩校准，最后调整画面局部的色彩。

- 要点提示：调色步骤
- 素材路径：素材 \ 第 10 章 \10.6
- 在线视频：第 10 章 \10.6 Log 素材分级调色
- 应用场景：Log 素材
- 魅力指数：★ ★ ★ ★

01 将"公园"素材导入素材箱，然后将其拖至"时间轴"面板中，如图 10-24 所示。

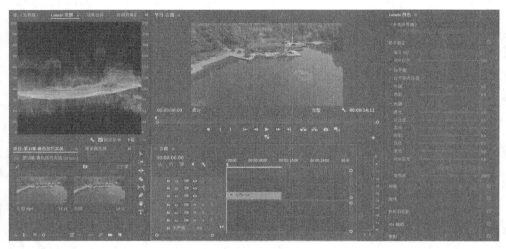

图10-24

02 这里使用的是 D-Log 素材，需要将 D-Log 素材转换成 Rec.709 的色彩标准的素材。在"Lumetri 颜色">"基本校正">"输入 LUT"下拉列表中选择"浏览"选项，如图 10-25 所示。

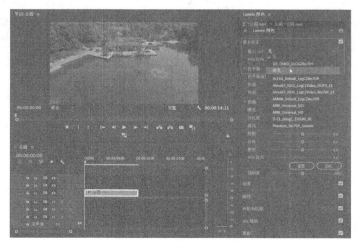

图10-25

03 选择预先准备好的"DJI_DLOG2R-
ec709" LUT，单击"打开"按钮，如图
10-26 所示，即可完成 Rec.709 的色彩标
准转换。

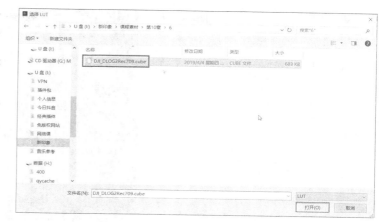

图10-26

04 结合第 9 章的调色基础知识，对
画面进行整体亮度的调整。在"Lumetri
颜色"面板中将"高光"调整为"85.0"、
"白色"调整为"60.0"、"黑色"调
整为"4.0"，如图 10-27 所示。

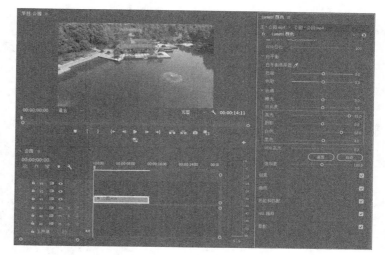

图10-27

05 使用"HSL 辅助"中的参数对画
面进行局部调色。选取画面中的房顶
部分，如图 10-28 所示。

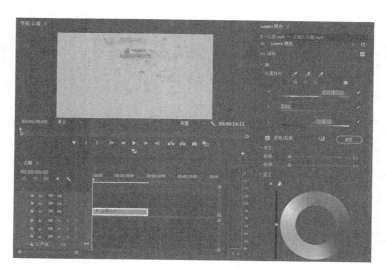

图10-28

249

06 将"模糊"调整为"6.0"，将"阴影""中间调"色轮朝蓝色方向调整，并减小亮度值，如图 10-29 所示。

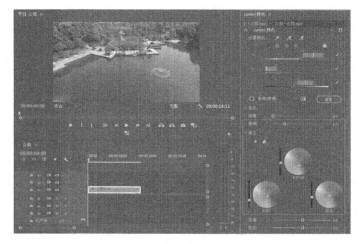

图10-29

07 打开"效果"面板，将"Lumetri 颜色"效果添加至"公园"素材上。使用"HSL辅助"中的参数选取画面中的绿色植被部分，如图 10-30 所示。

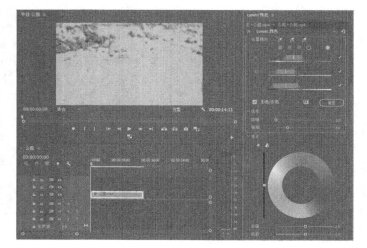

图10-30

08 将"高光""中间调""阴影"色轮向绿色方向调整，向上调整色轮左侧的滑块，将"饱和度"调整为"110.0"，如图 10-31 所示。

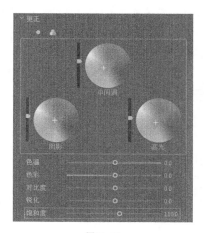

图10-31

09 使用"HSL 辅助"中的参数结合蒙版工具选取画面中的湖水部分，如图 10-32 所示。

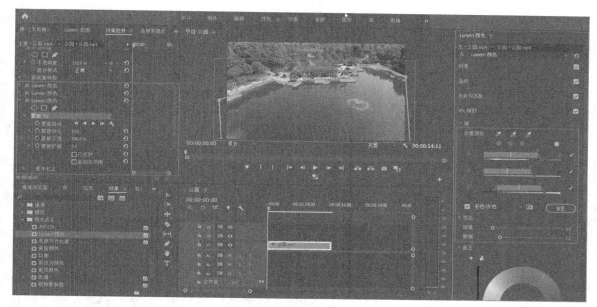

图10-32

10 将色轮向青蓝色方向调整，并拖动相应滑块降低湖水的亮度，如图 10-33 所示。

11 至此，从整体到局部的调色流程完成，案例最终效果如图 10-34 所示。

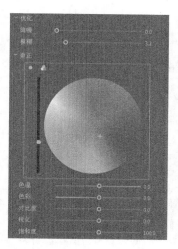

图10-33

图10-34

知识拓展

- Rec.709 色彩标准：用于互联网媒体的 sRGB 色彩空间，大部分影片在后期发行的过程中，都需要在原片的基础上参照 Rec.709 色彩标准进行转码，以适应主流的播放载体。
- 各大相机厂商官方都会提供相应的将 Log 素材转为 Rec.709 色彩标准的素材的 LUT。

课后习题 1：分量图调色

根据调色的相关知识，去除视频素材中的红色内容。

- 操作提示：观察 RGB 分量图
- 素材路径：素材 \ 第 10 章 \ 课后习题 1

- 强化技能：色彩校正

- 难度指数：★★★

分量图调色的最终效果如图 10-35 所示。

图10-35

课后习题 2：风格化调色

要对画面进行风格化调色，需要先进行色彩的基础校正，然后使用"Lumetri 颜色"工具进行风格化调整，对比效果如图 10-36 所示。

- 操作提示：分级调色
- 素材路径：素材 \ 第 10 章 \ 课后习题 2

- 强化技能：调色流程

- 难度指数：★★★★★

图10-36

第 **11** 章

短视频拍摄入门理论

要提高短视频的质量，除了靠后期调整之外，更重要的是控制前期拍摄画面的质量。短视频拍摄通常遵循这样一个原则：前期拍摄能解决的问题就不要依赖后期。本章将从画面的曝光、色温、景别、构图等方面，系统讲解有关拍摄方面的知识。

11.1 曝光

曝光可以理解为相机成像的过程，指相机的感光元件在接收外界光线时，不同亮度的光线对画面产生的影响。画面的曝光取决于快门、光圈、感光度三大要素。

11.1.1 快门

快门是相机中控制光线照射感光元件时长的装置，通过控制光进入相机的时长来控制进光量。在光圈和感光度不变的情况下，快门时间越短，进光量越少，画面越暗，如图 11-1 所示；快门时间越长，进光量越多，画面越亮，如图 11-2 所示。

图11-1

图11-2

较快的快门速度适合拍摄高速运动的物体，如极限运动、水滴滴落的过程等，如图 11-3 所示。
较慢的快门速度适合拍摄物体运动的轨迹，如车轨、星轨等，如图 11-4 所示。

图11-3

图11-4

11.1.2 光圈

光圈是用来控制光线通过镜头进入机身感光范围的装置，可以通过改变孔状光栅的面积来控制镜头的进光量。光圈大小用 F 值表示，F 值大致分为 F1.0、F1.4、F2.0、F2.8、F4.0、F5.6、F8.0、F11、F16、F22。在快门不变的情况下，"F"后面的数值越小，光圈越大，进光量越多，画面越亮；"F"后面的数值越大，光圈越小，进光量越少，画面会暗。值得注意的是，光圈除了会影响画面的曝光外，还会对景深产生影响。光圈越大，景深越浅，焦平面越窄，主体前后虚化范围越大，用大光圈拍摄的照片如图 11-5 所示；光圈越小，景深越深，焦平面越宽，主体前后越清晰，用小光圈拍摄的照片如图 11-6 所示。

图11-5

图11-6

11.1.3 感光度

　　感光度是指感光元件对光线的敏感程度，又称为 ISO 值，感光度越高，相机对光线越敏感。在光圈和快门不变的情况下，感光度的数值每增加一倍，相机对光线的敏感程度也会增加一倍。常用的感光度数值范围为 100~6400。在拍摄中，感光度较低时不影响画面的清晰度，增大感光度数值，画面中的噪点也会增加，所以不要过度提高感光度，一般可以通过增加灯光、延长快门时间来避免曝光不足的情况。图 11-7 所示为在高感光度和低感光度情况下拍摄的照片的对比。

图11-7

11.2 色温和白平衡

色温以开尔文为单位，通常用K表示，是衡量光源色彩的物理量。生活中常见的色温范围是1800~8000K，例如烛光的色温大致为1800K，钨丝灯的色温大致为2800K，日光的色温大致为5500K，北方蓝天的色温大致为8000K等。数值越大，色温越高，画面越蓝；数值越小，色温越低，画面越黄。色温示意图如图11-8所示。

图11-8

与色温密不可分的一个概念是白平衡，白平衡是指白色的平衡，也就是将白色还原为白色的过程，可以理解为色温是环境中自然存在的，白平衡是为了补偿色温的影响而出现的工具。白平衡示意图如图11-9所示。

因为补偿关系的存在，所以相机的色温和环境中的色温正好相反。在具有蓝色光源的场景中，白色物体会被染成蓝色，由于人眼有自动色偏还原的功能，因此，即使在蓝光的环境下人们也会认为白色还是白色，但是相机不具备这种还原色偏功能，这时就需要使用白平衡来校正色偏。当相机内的色温与外界环境的色温相同时，相机就能正确地还原外界环境中的白色。例如，当外界色温为5600K时，将相机内的色温也设置为5600K，这样画面中的白色就能被正确还原，如果将相机内的色温设置为7000K，画面色调就会偏暖，因为此时相机会认为外界色温是偏蓝色的，需要增加黄色来补偿环境中的蓝色，以达到还原白色的目的；如果将相机内的色温设置为4000K，画面色调就会偏冷。图11-10所示为相机内的色温为4000K、5600K、7000K时拍摄的照片的对比。

图11-9

图11-10

11.3 景别

景别是指被摄主体在画面中呈现的范围大小，根据不同的范围大小，景别大致可以分为 5 种，分别是远景、全景、中景、近景和特写。

11.3.1 远景

远景一般用来表现远离相机的环境全貌，展示人物和周围的空间环境，画面中的人物占比较小，以背景为主，画面给人整体感，常用于介绍环境、烘托氛围，如图 11-11 所示。

图11-11

11.3.2 全景

全景的画面信息比较丰富，主要展示人物全身，画面中人物的活动范围较大。全景对人物动作、衣着打扮等交代得比较清楚，能够全面阐释人物与环境之间的关系，如图 11-12 所示。

图11-12

11.3.3　中景

中景具有较强的叙事功能，对环境的表现不如全景，与全景相比，其景物的范围更小，重点展示人物的上身动作。拍摄包含对话、动作和情绪交流的场景时，利用中景景别可以有效地兼顾人物之间、人物与环境之间的关系。中景的特点决定了它可以更好地表现人物的身份、动作以及动作目的，如图11-13所示。

图11-13

11.3.4　近景

近景一般用于展示人物胸部以上的部分，或者物体的局部，能表现人物的细微动作和情感。近景注重表现人物的面部表情、情绪变化以及景物的局部状态，是刻画人物性格最有力的景别，如图11-14所示。

图11-14

11.3.5　特写

拍摄人物的肩部以上、头顶以下部位，或拍摄物体局部的镜头称为特写镜头。特写镜头能细微地表现人物的表情，刻画人物内心，突出细节，无论是人物还是其他拍摄对象均能给观众留下深刻的印象，如图11-15所示。

图11-15

11.4 构图

在生活中，很多人拍照都是拿起手机或者相机，对着自己喜欢的人或物直接按下快门，有些照片看起来很普通，而有些照片却主题突出、主次分明、赏心悦目，这就是构图的强大作用。照片拍摄的构图原理同样适用于短视频拍摄，下面列举一些经典的构图方式。

11.4.1 水平线构图

水平线构图适用于横屏画幅，通常以地平线为参考，适合拍摄平静、宽阔的场景，能给人平稳、安宁、舒适的感觉，如图 11-16 所示。

图11-16

11.4.2 垂直线构图

垂直线构图能充分展示被摄物体的高度和深度，拍摄出来的照片具有较强的立体感和空间感。垂直线构图常用于拍摄有竖线的物体，能给人挺拔、庄严、硬朗等感觉，如图 11-17 所示。

图11-17

11.4.3　三分线构图

三分线构图也称为九宫格构图，是最基本、最常见的构图方法之一，大多数相机和手机中都配有4条辅助线，两横两竖，将画面分割，在拍摄时将主体放在4个交点中的任意一点即可，这种构图符合人们的视觉习惯，应用广泛，如图11-18所示。

图11-18

11.4.4　对称构图

对称构图一般分为上下对称构图和左右对称构图，多用于对称建筑、水面倒影的拍摄，具有平衡、稳定、能表现唯美意境的特点，如图11-19所示。

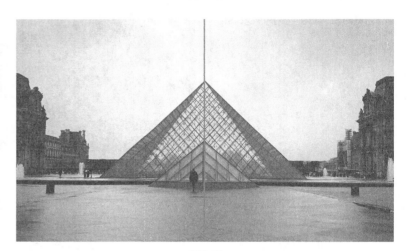

图11-19

11.4.5　对角线构图

对角线构图是指将主体安排在画面对角线的位置，这种构图使画面具有延伸感，富有动感和活力，能实现吸引视线、突出主体的效果，如图11-20所示。

图11-20

11.4.6 引导线构图

引导线构图是指通过线条状物体的汇聚来连接画面主体和背景元素，将观众的视线引向画面深处，具有增强画面张力与冲击力的作用，如图 11-21 所示。

图11-21

11.4.7 简约构图

学习简约构图是学习摄影的第一步。简约构图是指拍摄时对画面内容做减法，去掉画面中无关的内容，给人一种简洁明了的感觉，从艺术表现上来讲就是给人留下较大的想象空间，如图 11-22 所示。

图11-22

11.4.8 纵深构图

纵深构图最重要的作用之一就是增强画面的层次感，使二维画面给人三维空间的感觉，其中，正确利用前景是增强画面层次感的有效方法，如图 11-23 所示。

图11-23

11.4.9 预留空间构图

当人物看向画面之外的物体时，需要沿视线的方向预留足够的空间，使画面在视觉重量方面得以平衡，这种构图方法称为预留空间构图，如图11-24所示。

图11-24

课后习题：对称构图和三分线构图

使用手机或者相机拍摄身边的物品，然后做出对称构图和三分线构图画面。例如，拍摄两个玩具小人的影子，做出左右对称构图，如图11-25所示。

- 操作提示：角度和曝光　　　　● 强化技能：拍摄构图　　　　● 难度指数：★ ★ ★ ★
- 素材路径：素材 \ 第11章 \ 课后习题

图11-25

第 **12** 章

短视频的十大拍摄技巧

结合前面的理论知识，本章将通过实拍案例讲解拍摄短视频时常用的10种运镜技巧，使用的设备有 Osmo Mobile 2、iPhone XR。

12.1 脸大可以这样拍

　　侧面跟拍。模特在墙边或者商铺旁行走，摄影师拍摄模特侧脸且将镜头稍微仰起，这样既可避开人群又可表现环境常规拍摄和侧面跟拍的对比示意图如图 12-1 所示。

图12-1

12.2 选好背景很重要

　　后退跟拍。模特向前行走，摄影师后退跟拍并保持距离不变，将镜头稍微仰起，利用具有纵深感的背景突出人物，注意人物两边的空间要大概保持一致，如图 12-2 所示。

图12-2

12.3 这个角度腿很长

低角度仰拍。模特走在笔直的马路或桥上，摄影师低角度仰拍，为人物上下留出一定空间，画面不宜过挤，构图应宽阔大气。常规角度拍摄和低角度仰拍的对比示意图如图 12-3 所示。

图12-3

12.4 特写镜头不能少

局部特写跟拍。拍摄时镜头尽量与模特脚部位于同一水平线上，在模特行走方向留有一定空间，并预判其行走速度，摄影师的行走速度尽量与模特保持一致，如图 12-4 所示。

图12-4

12.5 动静结合才更美

动静结合拍摄。 拍摄前规划好模特走位，拍摄时镜头先固定不动，等待模特走入画面，当模特走到特定位置时开始移动镜头，如图12-5所示。

图12-5

12.6 环绕要有技巧

环绕跟拍。 模特仰望某一方向，摄影师环绕模特拍摄，在此过程中摄影师尽量保持匀速运动，将镜头仰起，使模特在画面中的位置保持不变，如图12-6所示。

图12-6

12.7 垂直俯拍出大片

旋转上升拍摄。 利用稳定器让镜头垂直俯拍某一物体，在将镜头向上移动的同时，拨动稳定器摇杆在水平方向上旋转相机，如图12-7所示。

图12-7

12.8 天空下面我和我

相似场景转场。镜头一：拍摄时模特位置保持不变，将镜头逐渐从模特向上摇向天空，直到画面中没有任何遮挡物，如图 12-8 所示。

镜头二：更换场景拍摄，将镜头从天空向下摇向模特，如图 12-9 所示。

最后通过后期剪辑制作相似场景转场的效果。

图12-8

图12-9

12.9 两镜结合更炫酷

上下遮挡物转场。镜头一：拍摄时模特在高处台阶上行走，将镜头从模特位置向下摇向遮挡物，如图 12-10 所示。

镜头二：拍摄时将镜头从遮挡物向下摇至模特，模特两次的行走方向一致，如图 12-11 所示。

图12-10

图12-11

最后通过后期剪辑制作上下遮挡物转场的效果。

12.10 格调不够转场凑

左右遮挡物转场。镜头一：模特在有柱子的街边行走，摄影师以柱子为前景进行侧面跟拍，直到柱子完全遮住镜头为止，如图 12-12 所示。

镜头二：更换场景，从另外一个遮挡物的位置开始拍摄，模特与摄影师朝同一方向同时运动，直到模特完全进入画面为止，如图 12-13 所示。

图12-12　　　　　　　　　　　　　　　　　　　图12-13

最后通过后期剪辑制作左右遮挡物转场的效果。

课后习题：完整短片剪辑

本习题使用所提供的素材完整地剪辑一条短片，剪辑时以音乐节奏为剪辑依据，注重节奏把控、转场切换和动作衔接等。

● 操作提示：音乐节奏把握　　　　　● 强化技能：综合剪辑能力　　　　　● 难度指数：★★★★★
● 素材路径：素材 \ 第 12 章 \ 课后习题